青少年灾难自救丛书
QINGSHAONIAN
ZAINAN ZIJIU CONGSHU

大风狂吹

姜永育 编著

四川教育出版社

图书在版编目（CIP）数据

大风狂吹／姜永育编著. —成都：四川教育出版社，2016.10
（青少年灾难自救丛书）
ISBN 978-7-5408-6676-1

Ⅰ.①大… Ⅱ.①姜… Ⅲ.①风灾－自救互救－青少年读物 Ⅳ.①P425.6－49

中国版本图书馆CIP数据核字（2016）第244992号

大风狂吹

姜永育　编著

策　　划	何　杨
责任编辑	魏　娟
装帧设计	武　韵
责任校对	喻小红
责任印制	吴晓光
出版发行	四川教育出版社
	地　　址　成都市黄荆路13号
	邮政编码　610225
	网　　址　www.chuanjiaoshe.com
印　　刷	三河市明华印务有限公司
制　　作	四川胜翔数码印务设计有限公司
版　　次	2016年10月第1版
印　　次	2021年5月第2次印刷
成品规格	160mm×230mm
印　　张	8.75
书　　号	ISBN 978-7-5408-6676-1
定　　价	28.00元

如发现印装质量问题，请与本社联系调换。电话：(028) 86259359
营销电话：(028) 86259605　　邮购电话：(028) 86259605
编辑部电话：(028) 86259381

引子 INTRODUCTION

  大风,一般是指8级以上的强风,它能掀翻火车,吹翻轮船,毁坏房屋,当然,大风也能把人刮得无影无踪。

  大风突袭时如何自救呢?下面,咱们去看一个在大风中逃生的事例。

  2012年5月6日中午,位于日本东京东北部的筑波市,天空中黑云堆集,雷声隆隆,风雨欲来。

  "快要下雨了。"一个叫小林的男子站在自家楼房的窗前,不无担忧地对妻子说。几天前,小林准备请人维修房屋,可一直没找到工人。

  "但愿这场雨不会下太大。"妻子也到窗前看了看,然后继续埋头干活。小林则一直站在窗前,担忧地看着外面。

  黑云越聚越多,云底距离地面越来越近。这时,小林发现前方的云似乎在旋转,同时风"呼呼"地刮了起来。

  "这云在转动,"小林赶紧对妻子说,"我觉得有些不对劲,你快过来看看!"

"怎么啦?"妻子过去一看,真的,天上的云确实在转动。

"会不会是龙卷风?"小林看过美国电影《龙卷风》,对龙卷风的那些镜头印象颇深。

"不……不可能吧?"妻子瞪大了眼睛。

说话间,云转动的速度明显加快,不一会儿,从半空中竟然垂下了一团黑云,看上去仿佛大象的长鼻子。

"真的是龙卷风……"小林话音未落,龙卷风已经朝他们居住的小区横扫了过来。一时间,瓦砾到处乱飞,被刮断的电线发出耀眼的火花。

"快进浴室!"小林推了一把妻子,他们刚跑进去,客厅的窗户便"嘭"的一声爆裂了,大风猛地灌了进来,房间内顿时一片狼藉。小林和妻子趴在浴室地板上,死死抱住浴缸不放。

在大约30秒的时间内,他们感到了金属声般的耳鸣,大脑几乎一片空白,直到龙卷风过去,两人才心惊胆战地爬了出来。

这天中午,袭击筑波市的龙卷风的平均风速达到了50米/秒以上,当地有1人遇难,30多人受伤。小林夫妇因为躲进浴室,在龙卷风的正面袭击中竟安然无恙。

小林夫妇逃生的事例启迪我们:第一,平时要多学习与龙卷风相关的知识,掌握龙卷风来临的前兆;第二,当龙卷风袭来时,要避开窗户等危险区域以免受伤;第三,龙卷风扑进房间时,应选择浴室等狭小的地方避难。

当然了,以上仅仅是大风中逃生自救的一点小常识,如果你想了解更多,那就赶快打开本书吧!

科学认识大风

风神的传说	(002)
空气流动形成风	(004)
为大风定标准	(006)
空中大力士	(009)
龙卷风玩魔术	(011)
龙卷风的亲戚们	(013)
大风吹翻列车	(016)
大风掀房毁屋	(018)
揭开"魔三角"谜团	(020)
"魔鬼城"的怪声	(022)
狂风辣手摧树	(025)
可怕的飑线	(027)
怪风令人恐慌	(029)

恐怖沙尘暴 …………………………………… (031)

黄沙万里奔袭 ………………………………… (033)

大风来临前兆

月晕午时风 …………………………………… (038)

鱼鳞天，不雨也风颠 ………………………… (040)

热极生大风 …………………………………… (042)

五更起风刮倒树 ……………………………… (044)

风向兆大风 …………………………………… (046)

警惕天边烟云 ………………………………… (048)

旋转的乌云 …………………………………… (050)

当心乳房云 …………………………………… (052)

可怕的"象鼻" ………………………………… (054)

大风逃生及防御

形势危急赶紧跑 ……………………………… (060)

充气城堡不安全 ……………………………… (062)

拴紧保险绳 …………………………………… (064)

高处不胜险 …………………………………… (067)

骑车要小心 …………………………………… (069)

行车须谨慎 …………………………………… (071)

打开列车车窗 ………………………………… (073)

发出求救信号 ………………………………… (075)

划船遇风要镇静 ……………………………… (077)

飑线袭来防飞物 ……………………………… (079)

当心下击暴流 …………………………………… (081)

抓住吊筐不松手 ………………………………… (084)

焚风刮来防火灾 ………………………………… (086)

沙暴来临早防御 ………………………………… (088)

躲进地下室 ……………………………………… (090)

趴在地面上 ……………………………………… (093)

大风防御指南 …………………………………… (095)

雷雨大风和沙尘暴预警 ………………………… (098)

"捕捉"龙卷风 …………………………………… (101)

大风逃生自救准则 ……………………………… (103)

大风灾难警示

夺命大风 ………………………………………… (106)

大风狂吹 ………………………………………… (110)

恐怖风暴 ………………………………………… (114)

客轮沉没 ………………………………………… (119)

飞来横祸 ………………………………………… (123)

龙卷之殇 ………………………………………… (128)

科学认识大风

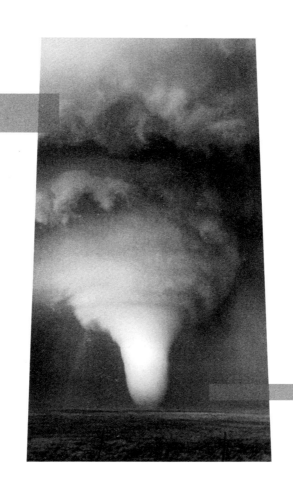

风神的传说

大风是如何产生的呢？

咱们先来看看中国的神话传说。

小的时候，我们听过一首童谣：风婆婆，送风来；送东风，桃花开；送北风，雪花飞；送南风，太阳晒。

风婆婆何许人也？据说，风婆婆原本是一介凡人，她无儿无女，靠一手远近闻名的针线活替大户人家缝缝补补，挣点小钱勉强过活。一天，风婆婆缝补完衣服，到山上去拾柴时，一只喜鹊在她身边叽叽喳喳叫个不停，并不断扑腾着翅膀，那意思是要风婆婆跟着它走。出于好奇，风婆婆跟在喜鹊身后，翻过了三座大山，趟过了两条小河，最后来到了一个神秘的山洞前。洞里黑咕隆咚，不知道有多深，也不知道里面有什么。正当风婆婆惊疑不定时，一只巨大的蟒蛇从里面慢悠悠地爬了出来。巨蟒头如大斗，眼似铜铃，看上去十分可怕。"哎呀！"风婆婆吓得大叫一声，转身就要逃跑。"婆婆，不要害怕，我有事求您。"巨蟒突然开口说话了。"你求我什么？"风婆婆战战兢兢地停下了脚步。"我刚刚经历了一场灾难，身体被雷电打裂了一道口子，如果不赶紧缝上，过不了两天我就会死去。"巨蟒痛苦地摇了摇头说，"我是迫不得已才委托喜鹊去找您的，请您帮我把伤口缝上吧。"

风婆婆定下心来，仔细检查了一下巨蟒的身体，果不其然，在它的腹部有一道长长的伤口，连里面的内脏也掉落了一部分出来。风婆婆赶紧从随身携带的包裹里拿出针线，小心翼翼地缝了起来。巨蟒皮粗肉厚，风婆婆费了九牛二虎之力，好不容易才把伤口给缝上。"婆婆，谢谢您的救命之恩。"巨蟒又开口说话了，"我没啥可以报答您的，洞里有一张我蜕下的皮，您把它拿去缝个口袋吧。"说完，巨蟒缓缓爬进树林，不一会儿便消失了。

风婆婆走进洞里，果然找到了一张巨大的蟒蛇皮。她把蟒蛇皮拿回去后，真的缝了一个口袋。令人惊奇的是，只要打开口袋，里面就会吹出和风，并有源源不断的美食呈现。从此以后，风婆婆再也不用为生活发愁了，她还经常接济身边的穷人。不料，贪心的太守知道后，立即带人来抢夺这个宝贝。官兵们把风婆婆踢倒在地，正要去抢她怀里的口袋时，袋口自动打开，一阵猛烈的大风从里面刮了出来，太守和官兵们全被刮到空中，最后重重地摔在地上。大风越刮越猛，最后，这只神奇的口袋竟带着风婆婆飞到了天上，使她成了天庭的一名神仙。

成仙后，风婆婆还是一直带着这个口袋。平常时间，这个口袋拴得死死的，每当天气要发生变化时，风婆婆就会把口袋打开，源源不断的风就会从口袋里钻出来，天地间很快便狂风大作，飞沙走石——在神魔小说《西游记》中，风婆婆和她的口袋也曾有过亮相哩。

说完了中国的神话，咱们再来看看世界各国的传说。在印度，风神的名字叫"伐尤"，这个掌管风的神仙一生庸庸碌碌，平淡无奇，不过，他却有一个了不起的儿子——神猴哈奴曼。哈奴曼生来便十分叛逆，到处惹祸，伐尤为此到处赔罪，大概是受够了窝囊气吧，他有时也会发火。而只要他一发火，便会刮起猛烈的大风。

在古希腊的神话传说中，风神有四位，他们分别是东风神欧罗斯、北风神玻瑞阿斯、西风神仄费罗斯和南风神诺托斯。这几位神仙是亲兄弟,他们的父亲阿斯特赖俄斯是掌管恒星、行星的大神,母亲厄俄斯是黎明女神。按理说,这四位是一母所生,应该相亲相爱、互帮互助才对,可自打他们出生后,便为出风头打得不可开交,有时是东风压倒西风,有时是南风打败北风……他们一打斗,人间就会刮起猛烈无比的大风。

空气流动形成风

大风当然不是神仙弄出来的,那么,它是怎么形成的呢?

我们还是来听听大风的自述吧——

我叫风,是地球上的一种自然现象,在人们的印象中,我无父无母,无牵无挂。其实,我也是有父母的。我的父母,就是天地间无处不在的空气。

看不见、摸不到的空气,怎么会是我的父母呢?要知道,我可是真实存在的啊:我拂过湖面,荡起水波,让人感觉到我的温柔;我推动大树,摇晃枝叶,让人感觉到我的力量;我掀起巨浪,掀翻船只,让人感觉到我的狂暴……总之,我无处不在,无时不在,既让人感觉神秘莫测,又让人感到恐惧敬畏。

我就到此,还是说说我的父母吧。大家知道,地球上的热量绝大部分来自于太阳。在太阳光的照射下,地球表面各处都会吸收热量而发热。不过,各处吸收的热量千差万别。比如,赤道附近的太阳光照最强,而南极和北极的光照却很弱;就一个地区来说,沙漠地带、森林、江河海洋等吸收太阳光照的程度也各不相同。吸收热量多的地方,近地面的空气温度就会比较高；而吸收热量少的地方，近地面的空气温度就会比较低。温度高的空气，会因受热膨胀变轻而上升。这团热空气上升后，它周围的冷空气就会流过来填补热空气留下的"空缺"。这样，空气就流动起来了，我也就在空气的流动中诞生了。

冷而密的空气压力较大，人们叫它高气压，它就是我的父亲；暖而稀疏、含水汽多的空气压力较小，人们叫它低气压，它就是我的母亲。父亲总要追着母亲，也就是空气总要从高气压流向低气压，这就像水库里的水，总是从高处向低处流一样。

现在你该明白我的来历了吧？其实在很早以前，人类就开始关注我了。三千多年前，中国商朝的时候，人们就确定我有东、南、西、北4个方位，东方来的叫东风，南方来的叫南风，西方来的叫西风，北方来的叫北风。在春秋时代，人们又把我的方位扩展为8个。到了唐代，人们更是将我的方位划分为24个，一个叫李淳风的天文学家、数学家，还在一张占风图里详细列出了24个方位名称，并举例说明了判定风向的方法。

除了我的方位，人们最关心的是我的速度，因为有时我的速度实在太快了，给人类造成了严重的灾难。在下面的介绍中，你会详细了解到人类为我制定的速度标准。

为大风定标准

  风速，简单来说就是风前进的速度。在天气预报中，我们经常会听到这样的说法：风向东南，风力4～5级。在这里，气象工作人员把风速换算成了等级，在天气预报中广泛使用"风力"一词。那么，风力的等级是如何确定的呢？

  在一千多年前的中国唐代，人们根据风吹大树的情形来估计和确定风力的等级，李淳风在他所著的《观象玩占》中这样记载："动叶十里，鸣条百里，摇枝二百里，落叶三百里，折小枝四百里，折大枝五百里，走石千里，拔大根三千里。""动叶十里"的意思是树叶轻轻摇动，风速就是日行十里（1里＝500米）。为了便于人们使用，李淳风还将其归纳成"一级动叶，二级鸣条，三级摇枝，四级坠叶，五级折小枝，六级折大枝，七级折木、飞沙石，八级拔大树及根"——这可以说是已知的世界上最早的风力等级标准了。

  其后的几百年间，世界各国对风力的等级标准逐渐统一。为了便于记忆，气象专家将其编成了如下歌谣：

    零级无风炊烟上；
    一级软风烟稍斜；
    二级轻风树叶响；
    三级微风树枝晃；
    四级和风灰尘起；

「科学认识大风」

五级清风水起波；

六级强风大树摇；

七级疾风步难行；

八级大风树枝折；

九级烈风烟囱毁；

十级狂风树根拔；

十一级暴风陆罕见；

十二级飓风浪滔天。

以上的风力等级，怎样换算成风速呢？这里有一个口诀：从一到九，乘2各级有。意思就是说，从一级风到九级风，只要将级数分别乘以2，就可以大致得出该级风的最大速度。如一级风的最大速度是2米/秒，二级风的最大速度是4米/秒，三级风的最大速度是6米/秒……依此类推，各级风之间还有过渡数据，比如一级风是1~2米每秒，二级风是2~4米每秒，三级风是4~6米每秒。此外，还有一个更全面的换算口诀：二是二来一是一，三级三上加个一。四到九级不难算，级数减二乘个三。十到十二不多见，牢记十级就好办。十级风速二十七，每加四来多一级。按照这个口诀计算，十级风速是 27 米/秒，十一级风速是 31 米/秒，十二级风速则是 35 米/秒。

那么，有没有十二级以上的大风呢？回答是肯定的，比如台风和龙卷风的最大风力就超过了十二级，因此，气象专家专门为这两个家伙量身制定了如下的标准。

咱们先来看台风的标准：

一般台风：最大风力 12~13 级，风速 32.7~41.4 米/秒；

强台风：最大风力 14~15 级，风速 41.5~50.9 米/秒；

超强台风：最大风力≥16 级，风速≥51.0 米/秒；

从这个标准我们可以看出，超强台风的风速大于 51.0 米/秒，它出现时是一种什么样的景象呢？超强台风可以在海上掀起 14 米以上的巨浪，形成漫天飞沫，景象十分恐怖，而在陆地上则会造成巨大灾难。所幸的是超强台风在陆地很少见（因为台风一旦登陆，强度就会大大减弱）。

接下来咱们再看看龙卷风的标准：

轻微龙卷风：13 级，风速 37.0~41.4 米/秒；

中等龙卷风：14 级，风速 41.5~46.1 米/秒；

超大龙卷风：15 级，风速 46.2~50.9 米/秒；

极大龙卷风：16 级，风速 51.0~56.0 米/秒；

强龙卷风：17 级，风速 56.1~61.2 米/秒；

龙卷风之王：17 级以上，风速≥61.3 米/秒。

从这个标准可以看出，龙卷风的风力比台风还要大。强龙卷风可以把一辆汽车刮飞，把房屋夷为平地，可以把树木刮到几百米的高空。龙卷风之王更厉害，它可以把房屋完全摧毁，汽车刮飞，使货车、火车等脱离地面，就连路面上的沥青也会被刮走。

这么说，龙卷风比台风还要厉害了？其实在《惊涛骇浪》一书中，咱们已经比较过它们了，从整体实力来看，台风的极端风速虽然小于龙卷风，但事实上，台风的威力远远大于龙卷风。台风之所以比龙卷风更厉害，是因为它的体形远远大于龙卷风：普通台风携带的水汽相当于上百亿吨水，其直径是大型龙卷风的2000倍！这就像一只蚂蚁和大象比力气，蚂蚁虽然能够举起比自身重很多倍的物体，但论力气却远远不是大象的对手。

因为在《惊涛骇浪》一书中咱们已经对台风做过全面的介绍，所以接下来就不再重复介绍它了。

空中大力士

它把人卷上天空，然后使人降到地面；它将奶牛吸到空中，却又不管不顾奋力将奶牛掷下……此外，它还能将铁路扭断，将11万千克的储油罐举到空中。这个力大无比的家伙是谁呢？它就是令人望而生畏的龙卷风。

中国清代的蒲松龄在他所著的《聊斋志异》中讲述了这样一个故事：一天，一场大风雨过后，一户人家的庭院中突然降下一个妇人。大家以为是仙女下凡，连忙顶礼膜拜。妇人苏醒后，说出了自己的住处，大家都不敢相信，因为那里距此地有几十千米之遥。几天后，这户人家根据妇女所说，把她送回了家里，家里正为她办丧事呢。原来，那天她被风卷上天后，家里人认为她凶多吉少，性命难保，于是痛哭一场，为她办起了丧事。没想到她却安然无恙，劫后重逢，一家人喜极而泣。

看过美国电影《龙卷风》的观众，相信都会对龙卷风有极其深刻的印象。它能将很多东西吸到天上，包括动物和人。电影中就有一个这样的镜头：一头奶牛被龙卷风卷到空中，然后又被掷到地上，奶牛不停"哞哞"惨叫，场面十分震撼。

龙卷风看上去很像中国神话传说中的"龙"，其实，它只是一个猛烈旋转着的圆形空气柱，但这个空气柱旋转的速度实在太惊人了。据科学家测定，空气柱经过的地方，最大风速可达 200～300 米/秒，这个令人恐怖的速度，足以摧毁一切阻碍它前进的物体，这就是为什么龙卷风所过之处一片狼藉的原因。

那么，龙卷风内部的空气是如何旋转起来的呢？这个问题，咱们还是让龙卷风自己来说说吧——

我的母亲是一团发展得十分旺盛的积雨云。云团内部的温度非常高，湿度也十分大，这使得云团内的上升气流十分旺盛，水汽分子们都争先恐后地往上蹿，形成像开水沸腾一样的情景。我就在这样的环境中被母亲孕育着。这是我成长的第一步。

在急速上升的过程中，由于"意见"不合，有些气流不听指挥，竟横冲直撞起来，它们和上升的气流摩擦，相互推搡和碰撞，使得上升气流晕头转向，跌跌撞撞地旋转了起来。在上升气流旋转形成的"子宫"中，我不断吸收着云团内部的营养，使自己快速发育着。

在气流的不停旋转之中，我的手和脚逐渐成形，手不停向天空伸长，脚不断向地面接近。终于，我诞生了。

我一出生，便成长得十分迅速，我不停地转啊转，把周围那些正在成长的涡旋吃掉，以增加自己的营养。我的目的，是使自己长大成人，做一个顶天立地的男子汉。我快速转动着,因为头重脚轻,所以身体变得像漏斗一样。周围的气流都向我聚集,都在拼命给我增加养分。

只经过了很短的时间,我想大概也就几分钟吧,我的脚接触到地面了。我一站到地面上,一种意想不到的情景就发生了:地面上的气压急剧下降,同时风速却急剧上升,使得我具有了威力无比的破坏力,我所经过的地方,被破坏得一片狼藉……

气象专家告诉我们,龙卷风的寿命一般很短,大多数几分钟就夭折了,比较"长寿"的,生命也不超过数小时。地球上很多地方都有龙卷风的身影,不过,它们的大本营在美国。据统计,全世界每年产生的龙卷风有一大半在美国,难怪人们把美国称为"龙卷风之乡"。中国的龙卷风主要发生在华南和华东地区,另外,南海的西沙群岛上也会出现龙卷风。

龙卷风玩魔术

下雨了,可天上降下来的竟然是青蛙、小鱼、鸭子……这种奇怪的现象可不是天方夜谭,而是实实在在出现过的事情。

制造这些事实的家伙不是别人,正是力大无比的龙卷风。

1859年2月9日上午11时,英国格拉摩根郡下了一场大雨,雨下到一半时,人们发现地上的积水中有许多小鱼在里面跳跃;站在雨中,不时有小鱼落到身上,然后再落到积水中。1949年10月23日早上,美国路易斯安那州马克斯维也下过一次鱼雨,成千上万条鱼落到地上,引得人们争相捡鱼。同一年,新西兰也下了一场鱼雨,几千条小鱼随雨从天而降,令人百思不解。

中国也有这样的事例。1984年8月6日下午，黑龙江省曾经下过一次泥鳅雨。当日下午2时起，该省的一村庄开始下雨，1小时后，雨和风突然加大，紧接着，天上下起了冰雹和泥鳅。雨停后，路上和场院里到处都是活蹦乱跳的泥鳅，小孩们纷纷用脸盆装，村里的鹅鸭也都跑出来争食。

鱼雨是如何形成的呢？难道它们是老天爷赏赐给人间的吗？当然不是！专家指出，这些都是龙卷风干的好事：龙卷风从鱼塘或河边经过时，强大的风力将鱼卷上天空，送到别处，当风力减弱时，鱼便随雨水一起落下来了。

龙卷风还制造过青蛙雨哩。1960年3月1日，法国南部的土伦风云突变，瓢泼大雨从天而降，雨水落到地上，突然从中爬出了成千上万只青蛙。事后才知道，这场青蛙雨也是龙卷风导演的好戏：它把别处池塘中的水和青蛙一起卷入天空，将其带到土伦地区上空，然后又使其降落下来。

如果说青蛙雨和鱼雨还不算太稀罕，那么鸭子从天而降，就真的算得上是一件大怪事了。1990年7月29日下午3时许，一场狂风暴雨袭击了湖南益阳地区的一个村庄，令人惊奇的是，随着大雨降落的，还有170多只鸭子，更令人不可思议的是，这些鸭子竟然还是活的。它们落地后乱滚几下，便颤颤巍巍地站起来，抖抖翅膀"嘎嘎"叫起来。有一小部分鸭子被强风骤雨掠到房顶上，在狂风的影响下，五六分钟后才滚落到地上……看到这些从天而降的鸭子，村民们争相捕捉，很快，170多只鸭子被大家捕捉一空。

那么，这些鸭子来自何方呢？原来，当天下午，离此地不远的大通湖湖面上形成了一个龙卷风，它登陆后，袭击了靠湖畔的3个乡。当时正在湖汊中牧放鸭子的村民吴克郁，看到龙卷风袭来，赶紧把鸭子往回赶。不过，还未等他把鸭群驱赶回家，龙卷风便追了上来，100多只鸭子"嘎嘎"叫着被卷上天空，从而形成了这场罕见的鸭雨。

龙卷风玩过的"魔术"还不少。1857年9月的两个夜晚，美国加利福尼亚州北部莱克县连续两晚有糖豆从天上落下，当地的居民不以为怪，一些妇女还用这些糖豆做出了美味的食物。专家称，这些从天而降的糖豆，应该也和龙卷风有关，是它将别处的糖豆"强抢"到了莱克县。2011年12月的一天，英国考文垂市的一段公路下起了苹果雨，正在道路上行驶的司机们大吃一惊，赶紧停车躲避。据英国气象专家分析，这些苹果来自外地，它们是被气旋或龙卷风卷起来后，一路来到这里的，最后在考文垂市掉落了下来。

龙卷风的亲戚们

河谷里出现神秘吸水现象，田野里飞舞起数米高的火龙，还有地上旋转升空的尘灰，它们是怎么回事呢？

这些现象，可以说都和龙卷风"沾亲带故"，下面咱们一起去了解龙卷风的这些亲戚吧。

先来说说神秘的吸水现象。

在四川西部的丹巴县，有一个地方叫"白人吸水"，当三条河谷同时刮起大风，发出恐怖的吼叫声时，一种不可思议的现象发生了。河中的水被一种无形的力量卷起，直向岸边几十米高的山崖摔去，一时间干裂的崖壁上水花四溅，其中一块白色的类似人形的岩石更是水光盈盈，在阳光的照射下耀人眼目。

"白人"所在的山崖，就在丹巴县城的城边上。据了解，每年的三四月，每当大风刮起时，"白人吸水"现象就会频频出现。据说，河水最高曾被吸到100米高处，响声震耳欲聋，行人纷纷躲避。据气象专家分析，这种"白人吸水"，其实是一种类似"龙卷风"的有趣的气象现象。"白人"所在的山崖处在一个特殊的地理位置上，在这里，大渡河和其支流巴东河在城郊汇合后，掉头向东蜿蜒而去，从而在此形成了一个三江汇合的"风水宝地"。据气象资料，每年春季，这里河谷风劲吹，风速普遍在10～20米/秒，最大时曾达到40米/秒。每当三个河谷都刮起大风，形成"对吹"时，三江汇合的水面上，气压就会因空气的旋转而降低，出现了类似龙卷风的现象。在四周强大气流的压迫下，河中的水便被抬升到空中，从而形成了壮观而又神秘的"白人吸水"现象。

接下来，咱们再去了解龙卷风的另一个亲戚——火龙卷。

1871年10月8日，美国威斯康星州东北部的格林贝湾两岸燃起熊熊大火，两条"火龙"在火场上空飞舞，并以极快的速度向前推进。"火龙"所过之处，森林被毁，村庄成为废墟，据估计，可能有1000人在大火中丧生。

这两条"火龙"，就是人们常说的火焰龙卷风，它又叫火怪、火旋风。火焰龙卷风的形成，是燃烧产生的高温使热对流上升，热对流与高空的风相结合，上升气流便开始旋转，从而形成像龙卷风似的"火龙"。火焰龙卷风一旦形成便十分可怕，它像"火龙"一般旋转前进，所到之处皆为灰烬，其威力足以将一棵小树连根拔起，时间可持续1小时以上。2010年，位于南半球的巴西遭遇了罕见的干旱少雨天气，全国多地燃起了山火。8月24日，该国圣保罗市一处火点刮起了龙卷风，形成了罕见的火焰龙卷风。"火龙"在燃烧的田野上飞腾起数米高，阻断了一条公路。为了扑灭这条"火龙"，当地甚至出动了直升机。2012年9月17日，澳大利亚艾丽斯斯普林斯地区燃起大火，出现了一条高达30米的火焰龙卷风，持续时间长达40多分钟，所幸火焰龙卷风出现在偏僻内陆，没有造成人员伤亡。

龙卷风还有一个亲戚叫尘卷风。在陆地上，有时会出现一种柱状的垂直旋转气流，这就是尘卷风。它是因地面强烈增温而生成小旋风，并卷起地面尘沙和轻小物体形成的旋转尘柱。

尘卷风的外形和龙卷风很像，不过它们却风马牛不相及。龙卷风是在恶劣天气下形成的漏斗状云，而尘卷风一般在晴朗天气下形成，而且和云没有什么联系。虽然不及自己的"表兄"强壮，但尘卷风偶尔也能造成大的破坏。2004年8月27日下午3点左右，北京某处工地的上空出现了一根"黑柱子"，它有七八米高，三四米粗，旋风卷着黄沙，持续了大约20分钟，将工地上的三幢临时设施卷起并摧毁，造成40多人受伤。2011年5月5日，成都市蒲江县遭尘卷风袭击，该县大兴镇王店村7组出现惊险一幕：一村民家的彩钢屋顶被掀翻，数块百斤重的钢板夹杂着泡沫板悬在半空，并不停地旋转。10秒钟后，这股旋风的风力逐渐减小,悬在半空的彩钢板散落到地上,幸未造成人员伤亡,不过,尘卷风的巨大蛮力还是让人们惊出了一身冷汗。

大风吹翻列车

说完了龙卷风,咱们再来说说一般的陆地大风。陆地大风主要包括寒潮引发的大风和雷雨天气时产生的大风。

其实,陆地大风与台风、龙卷风也有千丝万缕的关系,有时它们的关系甚至不好区分,如夏季的雷雨大风,有的就是台风登陆时形成的,而龙卷风本身就是一种雷雨大风……它们之间的关系实在太混乱了,所以咱们就不去刨根究底,下面只说大风的危害。

大风有什么危害呢?

大风起兮云飞扬。疯狂的大风不但能使天上的云飞扬起来,甚至能将地面上重达数十吨甚至上百吨的列车掀翻,这是真的吗?

我们知道,龙卷风力大无比,一般的陆地大风与它相比,无论是风力还是破坏性都小得多。不过,突发的大风有时也很疯狂,它们偶尔也能干出龙卷风才能干的坏事。

下面,咱们先去看看发生在日本的一次大风灾难。

2005年12月25日傍晚,日本新干线列车"稻穗14号"在山形县行驶。当列车行进到该县境内的铁路桥上时,车身突然猛烈抖动起来。当时,53岁的乘客寺井铁志正在车厢里看书,他感觉好像有人在背后猛推座位,回头一看,发现所有人都紧张地看着身后。"列车怎么不太对劲呢?"寺井铁志心里一阵紧张。正在这时,只听到"轰隆隆"一阵巨响,所有乘客腾空而起,寺井铁志也飞到了空中,很快便昏迷了过去。

寺井铁志醒来后才知道,原来列车行驶到山形县境内的铁路桥上时,6节车厢突然全部脱轨。最前面的1号、2号和最末一节的6号车厢脱轨后,直接冲进铁路边的农田里;中间的3号、4号和5号三节车厢则直扑路边一间装肥料的小屋,将屋里的水泥钢筋全部撞断,中间的三节车厢虽说没有翻滚,但也挤作一团……这起列车脱轨事故造成4人死亡,33人受伤。事故发生后,日本国土交通省"航空铁道事故调查中心"立即派出调查组赶赴现场。经过调查,初步认定列车是在行进中遭遇一股突如其来的狂风袭击,被吹出轨道而造成脱轨。

什么样的狂风能将列车吹出轨道呢?有专家认为这股狂风是飑线制造的。飑线是一种突发的天气现象,咱们在后面会重点介绍,在这里要说明的一点是,飑线前部的阵风非常猛烈,可以吹倒建筑物,损坏停在停机坪上的飞机——当然,将列车吹出轨道也就不足为奇了。

与日本的这起列车脱轨事故相比,中国新疆的大风吹翻列车就更加不可思议了。2007年2月28日凌晨,一列从乌鲁木齐开往阿克苏的列车行至南疆线珍珠泉至红山渠间约42千米处时,遭遇了超强大风袭击。大风怒吼咆哮,挟带着满天疯狂飞跑的沙石一次又一次地扑向列车。很快,车窗玻璃被强劲的沙石击碎。就在人们手忙脚乱地封堵车窗时,一幕令人恐惧而又不可思议的惨祸发生了:11节车厢脱轨颠覆,被大风吹到了路基下面,车厢里的乘客惨叫着,随翻滚的列车滚到了路基下。此次事故造成了车上3名乘客死亡,30多人受伤,南疆铁路线被迫中断。据当地气象专家介绍，列车出事地点位于著名的百里风区，当时测风记录仪所显示的瞬间风力达到了13级。大风阻断铁路线，在百里风区早已是"家常便饭"。据记载，自1959年兰新线、南疆线通车以来，大风年年来袭，运输时常中断。大风引起列车脱轨、颠覆事故30余起，吹翻列车近百辆。

大风为何频繁惹祸，老是与列车过不去呢？原来，百里风区之所以大风劲吹，频频发生事故，与这里独特的气候和地形条件密切相关。新疆地区气候干燥、多风，特别是冬春季节更是大风不断。而百里风区所在的地区，是两山相夹的最窄处，形成了"瓶颈"状地形。每当太阳落山，地面温度下降时山谷便刮起大风，谷风在经过"瓶颈"时，由于合力使得风力骤然加大，所以百里风区的风力经常超过12级，时常酿成列车被掀翻的惨祸。

大风掀房毁屋

大风不仅能吹翻列车，也能掀翻一般的建筑物。

2012年4月7日，尼日利亚中部贝努埃州一座叫圣罗伯特的教堂的院子里，3000多名教徒聚集在一起，正在举行活动。突然，狂风大作，天降暴雨。"快进教堂避雨啊！"教徒们蜂拥着跑进教堂里躲避。此时，雨越来越大，风越刮越猛。在大风的猛烈袭击下，教堂屋顶"嘎嘎"作响，整座教堂似乎摇晃起来。"大风会不会把房子吹倒？"有人惊恐不安地问。话音未落，只听"轰"的一声，教堂屋顶被狂风一下掀掉，紧接着，教堂的一面墙体倒塌下来，重重地压向挤成一堆的人群，教堂里顿时哭声四起，一片狼藉。这起事故导致22名教徒死亡，31人不同程度受伤，死者中有14人是妇女，6人是儿童。

事后经调查，当天袭击教堂的大风达到了8级以上。由于教堂是高层建筑，再加上教堂修建的年代较久远，因而在大风的猛烈袭击下，房顶最先被掀掉；没有房顶的遮盖，风肆无忌惮地灌入教堂，导致墙体受到很大压力，进而造成墙体倒塌。

大风不仅在山区和平原出现，盆地也时常发生大风吹翻房屋的事件。2009年9月8日，位于四川盆地西部的郫县护国村就遭受过一场严重风灾。大风于当天上午9时16分发作，呈一边倒的吹

向，并持续了约两分钟才停止。就在这极短的时间内，村里一个养兔专业户搭建的27个养兔的棚子全被大风吹倒，全村还有上百间房屋不同程度受损，有的屋瓦掉了一地，有的椽子被大风掀开。气象专家解释，这场大风是冷热空气"打架"形成的：四川盆地西部在副热带高压外围暖湿气流控制下，一小股冷空气突然闯入，双方"水火不容"，产生了剧烈的碰撞，从而形成了短时局地性强风阵雨。

即使是现代大型建筑，有时也难逃大风肆虐。2013年8月11日下午，河南省新安县在建的体育馆内，工人们正在施工。体育馆的屋顶一共有三层，最下面一层是彩钢板，中间一层是保温棉，最上面的是屋面板。当时，工人们已经完成了封顶工作，如果工程顺利，年底就可以交付使用了。这天下午4时许，新安县城内突然雷雨大作，大风狂吹，风声"呜呜"，听上去十分可怕。眼见风越刮越大，工人们赶紧停止了工作。就在这时，只听"哐当"一声巨响，体育馆屋顶被掀开了，盖在上面的铁皮面板接二连三地被大风刮起，然后重重摔落在

地。有人大声喊道："赶快躲开！"工人们见势不好，赶紧躲到了屋内。大风停止后，体育馆内满目疮痍，地上散落着很多铁皮，有一半面积的屋顶被掀起，看上去像是被炮弹击中了。

　　大风竟然把体育馆屋顶掀开，不会是该建筑物的质量有问题吧？对此，当地气象部门提供的数据解答了这个问题。原来，这天下午4时，新安县遭雷电、大风、暴雨等强对流天气袭击，瞬时风速达到了可怕的30.5米/秒。气象工作人员解释，30米/秒的风速相当于108千米/小时的速度，这就像高速公路上飞驰的汽车一样，不但农村的砖瓦房很难抵挡得住它的袭击，就是体育馆屋顶的铁皮面板被掀翻也不足为奇。

揭开"魔三角"谜团

　　大风不但会带来灾难，而且还会制造谜团，"魔三角"便是其中最诡异的一个谜团。

　　在江西省境内，有一个号称中国第一大淡水湖的湖泊，这就是富饶美丽的鄱阳湖。它不但养育了世代居息的湖边人，而且其旖旎的风光也使它声名远播，成为人们向往的旅游胜地。

　　不过，美丽富饶的鄱阳湖也潜藏着危险：在一处被称为"魔三角"的水域，经常发生船毁人亡的惨剧，令人闻风丧胆，谈之色变。

　　这片恐怖的水域，位于鄱阳湖西北的老爷庙附近，中华人民共和国成立前，这里便屡屡发生沉船事故。1945年4月16日，日本一艘叫"神户丸"的运输船进入鄱阳湖航行。这艘船加上其载重的货物一共两千多吨，当它行驶到老爷庙水域时，突然一下沉入湖底，无声无息地消失了，船上的两百余人竟然没一个活着回来。为了查明沉船真相,一个叫山下堤昭的日本海军军官带人前去侦察。他和水手们穿上潜水服下到湖中,大约一个小时后,山下堤昭浮出了水面,而其他水手全都没能浮上来。他们去了哪里?尸体在何方?谁都说不清楚。而山下堤昭上岸脱下潜水服后,神情恐惧,一句话都说不出来,很快,他便精神失常了。

抗日战争胜利后,美国著名的潜水专家爱德华一行人来到鄱阳湖,准备打捞湖底的沉船。几个月后,爱德华他们不但一无所获,而且在一次下湖潜水后,除爱德华浮上水面外,几名美国潜水员也在这里神秘失踪了。

中华人民共和国成立后,这个区域内船只失踪事件仍频频发生。20世纪60年代初,从松门山出发的一条渔船北去老爷庙,船行不远便消失在岸上送行的人们的目光中,倏然沉入湖底;1985年3月,一艘载重二十五吨的船舶,凌晨六时半在晨晖中沉没于老爷庙以南三千米处的浊浪中;1985年9月,一艘运载竹木的机动船在老爷庙以北附近突然笛熄船沉,岸上行人目睹船上的人抱着竹木狂呼救命,他们一个个逃到岸上后吓得魂不附体,不敢回头去望浊浪翻滚的湖面;2012年,一艘日本船只来此寻宝,奇怪的是,一船的人都从湖中消失了,至今下落不明。

"魔三角"频繁发生沉船事故,引起了人们的极大关注,有人猜测是外星人所为,还有人说是鬼神所为。为解开谜团,专家们成立了专门的科研小组,并在"魔三角"地区

设立了三座气象观测站,对该水域的气象要素进行了为期一年的观测研究。从搜集数据到对二十多万个原始气象数据进行分析,专家们发

现老爷庙水域是鄱阳湖少有的一个大风区。该区域全年平均两天中就有一天是大风日,其中最大风力达到了8级,风速可达六七十千米每时,在鄱阳湖乃至江西省都居于首位。

老爷庙水域的大风是如何形成的呢?原来"罪魁祸首"竟然是与之相邻的庐山。

庐山海拔一千四百多米,也是一个风景秀丽的地方。它离鄱阳湖的平均距离仅五千米左右,而且山体走向与老爷庙北部的湖口水道几乎平行。由于山上的空气较冷,气流常因下沉而向山下流动形成风。当庐山东南峰峦的气流自北面南下,即刮北风时,大风便会呼啸着穿过老爷庙水域。在这里,老爷庙水域独特的地形条件起了关键作用:水域最宽处为十五千米,最窄处仅有三千米,从而形成了湖面上的"瓶颈"水域。就如我们在空旷的地方没有感觉,而在狭窄的小巷却感到狂风劲吹一样,大风在这里形成了"狭管效应",使得风力成倍增长,风速骤然加大,特别是大风到达水域仅宽三千米的老爷庙附近时,风速达到了最大值。在大风的狂吼下,平静的湖面瞬间波浪滔天,狂风巨浪使得过往船只防不胜防,经常被吹翻、打沉,从而酿成了一幕幕惨剧。

原来,造成"魔三角"沉船事故的,既不是鬼怪,也不是外星人,而是由特殊地形引发的大风。

"魔鬼城"的怪声

下面要说的这种诡异现象,和大风也有密切关系。

在中国的西北地区,分布着约两万多平方千米的雅丹地貌(雅丹地貌是干燥地区的一种风蚀性地貌,在维吾尔语中,"雅丹"的意思是"具有陡壁的小丘")。很多雅丹地貌看起来像一座座古城堡,当地人叫它们"魔鬼城"。

"魔鬼城"最恐怖的不是那些废墟般的古城堡,而是每到夜晚,"城堡"里就会发出令人惊悚的怪叫声。

19世纪末,瑞典有名的旅行家斯文·赫定来到中国的西北探险。在一名当地向导的带领下,赫定准备深入新疆罗布泊旅行。

这一天,他们来到了一个奇特的地方,只见远处的茫茫荒漠之中,有一片隐隐约约的"城堡"。走近了,呈现在他们面前的,是一个令人震惊的世界:大片大片的土丘高高矗立,宛如大大小小的城堡。进入"城堡"之中,只见土丘形状千奇百怪,它们有的龇牙咧嘴,状如怪兽;有的堞堞分明,形似古堡;有的似亭台楼阁,檐顶宛然;有的像宏伟宫殿,傲然挺立。

"城堡"激起了赫定的强烈好奇心,无论向导如何劝说,他都坚持要在这里过夜。

太阳落下,夜幕降临后,"魔鬼城"很快笼罩在神秘怪异的氛围中。这时,大片大片的黑云移到"城堡"上空,将整个"城堡"严严实实地遮盖起来。昏暗的夜色中,奇形怪状的土丘影影绰绰,若隐若现,仿佛一只只怪兽,令人毛骨悚然。

"呜呜呜呜",半夜时分,一阵阵恐怖的声音在"城堡"上空响起,惊醒了赫定。他迷迷糊糊地睁开睡眼,只见大风骤起,"魔鬼城"到处飞沙走石,仿佛无数魔鬼正在"城堡"里肆虐。

"魔……魔鬼来了……"向导哆嗦着跪在地上,嘴里不停地祈祷起来。

"我倒要看看这些魔鬼长什么样。"赫定拿起手电筒,试探着在"城堡"里走动。微弱的光亮下,整个"城堡"显得十分恐怖,到处都是鬼哭狼嚎的声音,但赫定却不知道这些声音是如何发出来的。风沙吹打在脸上，让他感觉十分疼痛。

可怕的夜晚终于过去了，大风渐渐停止，"魔鬼"的声音也慢慢消失了。天明之后，赫定和向导赶紧离开了"魔鬼城"。

之后，赫定又在新疆游历了许多地方，但令他印象尤为深刻的，还是在"魔鬼城"的那个夜晚。他想了很长时间，并请教了不少有名的科学家，但当时谁也不清楚那些恐怖的声音来自何方。

"在新疆有一个地方叫雅丹，那里有一座魔鬼城，一到晚上就会发出各种恐怖的声音……"回国后，赫定将"雅丹"的神秘现象写进了他的书中。

赫定描写的"魔鬼城"怪声，引起了很多人的好奇和关注，在他之后，一批又一批的探险家来到"魔鬼城"，试图揭开恐怖怪声之谜。20世纪60年代，一个由地质工作者组

成的科考队来到新疆克拉玛依市，准备对这里的矿藏进行勘探。与赫定一样，他们在茫茫荒漠之中，无意间闯入了一座"魔鬼城"。

当天晚上，科考队在"城内"扎寨宿营。半夜时分，恐怖的怪叫声把队员们从睡梦中全都惊醒了。大家走到外面，只见昏黄的月光下，天地间一片昏暗。一块块鹅蛋大的石头被大风卷着，在地面上飞速滚动；细小的沙粒在空中飞舞，让人难以睁开眼睛。更可怕的是怪声，"呜呜呜呜"的声音来自四面八方，各种声音叠加在一起，像群狼在嘶嚎，让人难以忍受。

不过，这些走南闯北的队员们并没有害怕，他们通过仔细观察，终于发现了一个规律：风力越大，怪声的分贝越高；而风力越小，分贝越低。而且，他们还注意到了一个现象，大风卷着沙石，不停地扑

打在"城堡"的断墙上，怪声就是从这些断墙中间发出来的。

至此，"魔鬼城"的怪声之谜终于被揭开了，原来怪声是由大风引起的。每当大风刮起，风穿越众多的"断壁残垣"时，就会激起回声。由于这些回声的频率高低不一，因此便形成了各种各样的响声，而当不同的响声连成一片时，便令人不寒而栗了。

狂风辣手摧树

一阵狂风过后，上千棵大树从中折断，而小树却安然无恙；狂风偷袭，飞机如被施了魔法一般失去控制，最终导致机毁人亡。这是一种什么样的狂风呢？

2007年7月25日凌晨3时许，湖北省武汉市黄陂区蔡店乡上空雷声大作，闪电将天空照得亮如白昼，紧接着，天地间突然刮起了一阵剧烈的大风，大风持续了约十多分钟。大风所到之处，山林中的大树纷纷从中间折断，茂密的树林中形成一条宽约400米、绵延近2千米的"通道"。从山顶俯瞰，倒伏的林带像被理发电剪推过一般。经初步统计，全乡被大风吹倒或刮断的大树共有1100多棵。此外，该乡还有38间土坯房倒塌，3家石材厂的厂房受损，被风吹倒的芦笋大棚面积约500亩（1亩≈666.7平方米），直接经济损失达50多万元。

但奇怪的是，大风所到之处，大树纷纷遭殃，而小树却安然无恙，丝毫没有受灾的痕迹。

事发后，当地人议论纷纷，一些村民分析后，认为是龙卷风所为。但当地气象专家经过实地勘查后认为，树全朝一个方向倒伏，风力极大，不可能是龙卷风所为。经过仔细分析，气象专家认为导致上千棵大树同向倒下的大风，是一种叫"下击暴流"的天气现象。

下击暴流，是一种多出现在夏季的灾害性天气现象，尽管它活动的范围较小，但风速最高可达75米/秒，能造成严重灾害。据专家解释，事发当日，蔡店乡上空乌云密布，整个云层里空气对流非常强烈。凌晨，一股冷空气突然从万米高空以极快的速度俯冲下来，并朝低气压区流动，从而形成了一股强大的水平风。剧烈的大风从树丛之间狭窄的通道刮过，将大树吹倒或折断，而小树因为"个头"较矮而幸免于难，安然无恙。

下击暴流除了造成地面灾害外，还是航空飞行的大敌。1985年8月2日傍晚6时左右，美国德尔塔—191航班客机正在飞行，突然，粗大的雨点猛烈地打在飞机舱面上，同时一股怪风袭来。2

秒钟后，飞机失去控制并最终坠毁，造成135人死亡，23人受伤。事后经过专家的多方面调查分析，查出了制造这场事故的"凶手"就是下击暴流。

据气象专家分析，当飞机穿越下击暴流时，首先遇到了强的逆风，这时飞机的空速增加，使升力增加，飞机在过大的升力作用下，开始偏离预定的航迹上升。当飞机飞近下击暴流中心时，逆风渐减至零，且突然遇到了强的下冲气流，使飞机的仰角减小，升力突然减小。在飞机飞越下击暴流中心后，下冲气流又转至强的顺风，使飞机的空速减小，升力也随之减小，飞机继续降低高度，并偏离预定航迹俯冲。由于此时飞机离地面的距离较近，或可能因为飞行员操纵过度而失速，从而造成了严重的飞行事故。

「科学认识大风」

可怕的飑线

与下击暴流相比,有一种突发的天气现象更为怪异,它一到来,便狂风咆哮、雷电交加、气温剧降,如一条鞭子在大地上猛烈抽打,短暂的持续时间过后,天空重新放晴。

这种来去匆匆的神秘天气现象是如何形成的呢?

1974年6月17日上午,南京地区艳阳高照,晴空万里。午后,少量的白云像一团一团的棉花,姿态优雅地飘浮在蔚蓝色的天幕上。就在人们尽情地享受好天气时,下午6时左右,北边的天空突然出现了一堵高耸黑厚的云墙。云墙翻滚,如千万匹脱缰的马,在天空中尽情奔驰、跳跃,并以惊人的速度向头顶的天空迅速飞奔而来。大地上闷热异常,一切生物似乎都在寂静不安中等待灾祸的到来。转瞬之间,高耸的云墙便奔涌至头顶上空,顿时,天地间一片昏暗,狂风骤起,霹雳震天,大雨接踵而来。气象观测记录表明,当时的瞬间风力达到了12级以上,短时间内气温下降了11℃,相对湿度上升了29%,短短1小时降雨量达到了34毫米。就在人们惊恐不安时,恶劣天气却在持续了一个半小时之后,突然消失得无影无踪,黑云散尽,天空重又放晴。

这种奇怪的天气现象令人们大惑不解,经气象专家解释,人们才知道南京地区原来遭受了一种叫"飑"的天气现象的袭击。前面咱们已经讲过,飑也称为飑线,它是突然发作的强风,常来去匆匆,持续时间很短。

1996年夏季的一天晚上,四川的雅安市也遭受了飑线的袭击。晚上 9 时许，雅安市上空云淡风轻，玉盘般的月亮高挂在天幕上，露天院坝中，人们惬意地喝茶聊天，谁也没有预料到一场威力巨大的暴风骤雨即将来临。月上中天，不知不觉中，一堵厚重的云墙悄悄移至

雅安上空，转瞬间，整座雅安城如坠入地狱，大风骤起，暴雨倾盆，突如其来的恶劣天气令人们避之不及。狂风暴雨持续了大约一个小时，突然"鸣金收兵"。黑云散去后，月光重新照耀大地，而此时地面上一片狼藉，随处可见被大风吹折的树枝和残败的树叶。

飑线是如何形成的呢？气象专家解释，飑线是积雨云强烈发展而形成的。当积雨云发展到十分强大时，就会形成一个温度又低、气压又高的冷性雷暴高压，这个冷高压不断向前推进，当移到暖空气控制的低压区时，冷、暖空气"水火不容"，剧烈交锋，于是便形成了飑线这一罕见的天气现象。专家指出，飑线前部的阵风非常猛烈，可以吹倒建筑物，损坏停在停机坪上的飞机，毁坏大面积的庄稼等。

当飑线和前面我们讲述的下击暴流"强强联手"时，可以说一场梦魇般的灾难开始了。

2015 年 6 月 1 日，"东方之星"号客轮从南京驶往重庆。当日 21 时 30 分，当客轮行至长江中游的湖北省监利县境内时，突然遭遇罕见强对流天气，客轮不幸沉没，船上 454 名乘客仅有 12 人获救，442 人遇难，酿成了震惊中外的重大灾难。沉船事件发生后，国务院组织调查组进行了调查。调查组认定"东方之星"号客轮翻沉，是由突发罕见的强对流天气——飑线伴有下击暴流造成的，这两个恶劣的天气系统叠加在一起，带来了十分可怕的强风暴雨。事发之时，当地瞬时极

大风力达 12~13 级，1 小时降雨量达 94.4 毫米。船长虽采取了稳船抗风措施，但在强风暴雨的袭击下，船舶很快处于失控状态，导致最终倾斜进水并在一分多钟内倾覆。

怪风令人恐慌

除了上面所说的几种大风，自然界中还有一种怪风，它的出现往往会给当地带来恐慌。

2009 年 2 月 12 日下午 4 时，一股神秘的怪风在川南大地上吹拂。"当时就感觉这风有点怪，吹在身上不觉得凉爽，反而有些热乎乎的。"筠连县双腾镇的村民李大爷觉得奇怪，活了一大把年纪，还从没遇到过如此怪风。风越刮越大，气温也越来越高。大风刮倒了路边的广告牌，把地上的枯枝败叶卷在空中旋转飞舞。风吹在人们脸上，感觉非常干燥。耐不住炎热，上午还穿着棉衣、羽绒服的人们，纷纷脱下了厚厚的冬衣，穿上了夏天才穿的短袖衣服；冷饮店的生意突然一下红火起来，大人和小孩都争着买冷饮解渴；在炙热的大风吹拂下，川南各县森林火险和火情不断出现。

到下午 5 时，筠连县的气温达到了最大值，一下从 4 时的 26℃升高到了 36℃，1 小时内气温骤然升高了 10℃！而风速也由 2 米/秒增大到 12 米/秒，其中局地瞬时最大风速更是达到了 27 米/秒，相对湿度也由 50% 降到了 9%，空气变得又干又热，让人感觉很不舒服。但接下来的一个小时，怪风突然"失踪"，气温又像坐过山车一般下降，在下午 6 时降到了 23℃。

来去无踪的神秘怪风，让当地群众感到恐慌。当天，在怪风猛刮、

气温剧升之时，筠连县的居民感到世界末日仿佛就要到来，大家纷纷跑出家门，聚集到县城的空旷地带。有人说怪风是大地震发生的前兆，有人说火山要喷发，还有人说是干热风。后来，气象专家根据观测报告分析，判定这是一种叫"焚风"的天气现象。

焚风，顾名思义是一种又干又热的风。其实，焚风并不神秘，它在世界上很多山区都能见到，尤以欧洲的阿尔卑斯山、美洲的落基山、中亚的高加索山最为有名。阿尔卑斯山脉在刮焚风的日子里，白天温度可突然升高20℃以上，初春的天气会变得像盛夏一样，不仅非常炎热，而且十分干燥，导致森林火灾不断发生。强烈的焚风吹起来，能使树叶焦枯，土地龟裂，造成严重旱灾。在中国，焚风也到处可见，如天山南北、秦岭脚下、川南丘陵、金沙江河谷、大小兴安岭、太行山下、皖南山区等都能见到其踪迹。

那么，川南焚风是如何形成的呢？

焚风的形成，是由于气流越过高山，出现下沉运动造成的。从气象学上讲，当一团空气从地面上升到高空时，每升高1000米，温度平均要下降6.5℃；相反，当一团空气从高空下沉到地面时，每下降1000米，温度约平均升高6.5℃。这就是说，当空气从海拔4000～5000米的高山下降至地面时，温度就会升高20℃以上，这么高的温度变化，很快就会使当地凉爽的天气变得炎热起来。这就是焚风产生的原因。

回过头来看川南焚风的形成。川南属丘陵浅山区，它的南面是平均海拔1900米的云贵高原，北面是平畴千里的成都平原。对于筠连县，其境内的最高山脉海拔在1700米左右，但县城海拔却仅有400米左右。因此，云贵高原的气流经常下沉进入川南地区。不过，在正常情况下，这样的下沉气流不会形成焚风，反而会形成降雨。此次之所以产生焚风，罪魁祸首是西南气流。这股来自印度洋"老家"的气流，一般情况下温暖湿润，总是会携带大量水汽，但此次的西南气流却很异常，湿度明显偏小，干热特征明显。再加上川南连续多日出现晴热高温天气，气温持续攀升，湿度降低，因此这股气流越过云贵高原后，在川南一带如洪水般倾泻而下，干热的空气加上下沉时增加的温度，使得川南一带的气温很快上升，特别是筠连县由于海拔悬殊，温度增加更为剧烈，从而出现了焚风现象。不过，焚风来得快，去得也快，随着下沉气流的逐渐减弱，"热源"中断，当地的气温很快又会恢复正常了。

恐怖沙尘暴

最后要介绍的，是一种十分恐怖的大风——沙尘暴。

先来见识一下沙尘暴出场时的可怕景象：2015年5月16日下午，内蒙古额济纳旗突遭特强沙尘暴袭击，在强劲的大风裹挟下，一堵近百米高的沙墙铺天盖地而来，其情景宛如世界末日。沙尘暴肆虐的数小时内，全城黄沙飞扬，遮天蔽日，能见度不足10米，当地人用"极端恐怖"来形容此次沙尘暴。

气象专家告诉我们，沙尘暴是指强风将地面尘沙吹起使空气很混浊，水平能见度小于1千米的天气现象。按照强度划分，沙尘暴可分为以下4个等级：

弱沙尘暴：4级≤风速≤6级，500米≤能见度≤1000米；

中等强度沙尘暴：6级≤风速≤8级，200米≤能见度≤500米；

强沙尘暴：风速≥9级，50米≤能见度≤200米；

特强沙尘暴：也称黑风暴（俗称"黑风"），它的瞬时最大风速≥25米/秒，能见度≤50米（甚至降低到0米）。

沙尘暴一般发生于春夏交接之际，其形成与大气环流、地貌形态和气候因素有关，更与人为的生态环境破坏密不可分。如人口快速增长带来的不合理农垦、过度放牧等，都会导致植被和地表结构被破坏，使草原土地沙化，生态系统失衡，从而为沙尘暴的形成埋下伏笔。

沙尘暴出现后，往往会给人类带来严重灾害。如1935年春季，一场黑风暴席卷了美国西部草原地区。三天三夜，大风暴在草原上疯狂肆虐，并形成了一个东西长2400千米、

南北宽1440千米、高3400米的巨大黑色风暴带。风暴所经之处，溪水断流，水井干涸，田地龟裂，庄稼枯萎，牲畜渴死，人们流离失所。这场风暴给美国的农牧业生产带来了严重影响，使原已遭受旱灾的小麦大片枯萎而死，从而引起当时美国谷物市场的波动，影响了经济的发展。同时，黑风暴一路"洗劫"，将肥沃的土壤表层刮走，使土地露出贫瘠的沙质土层，使受害之地的土壤结构发生变化，严重制约了灾区日后农业生产的发展。

继北美黑风暴之后，1960年3月和4月，苏联新开垦地区先后两次遭到黑风暴的袭击，经营多年的农庄几天之间全部被毁，颗粒无收。3年之后，这些新开垦地区又一次遭遇了黑风暴。中国的西北地区，包括新疆、甘肃、青海、宁夏以及陕西和内蒙古的中西部，也是沙尘

暴的多发区，每年由此造成的直接经济损失高达 45 亿元。1993 年 5 月 5 日，一场特大沙尘暴袭击西北，甘肃、宁夏和内蒙古部分地区遭受巨大损失，死亡 85 人，伤残 264 人，直接经济损失达 7.25 亿元。2000 年 4 月 12 日，甘肃的金昌、武威等地遭遇强沙尘暴天气，据不完全统计，仅金昌、武威两地的直接经济损失便达 1534 万元。

黄沙万里奔袭

沙尘暴不但直接肆虐中国北方，就连南方地区有时也会遭到它的偷袭。

2009 年春季，黄沙在大风的助力下万里奔袭，有"天府之国"之称的四川盆地竟然飘起了沙尘，浑浊的黄色天空和呛人的尘土气味，引起了人们的极大恐慌。

2009 年 4 月 24 日下午，家住四川广元市的王大爷出门晒太阳。他刚走出家门，便闻到一股浓浓的尘土味道。"这是哪家在搞装修，怎么不注意一下影响呢？"王大爷心里嘀咕着。走到大街上，尘土的味道越发浓郁，此时风很大，狂乱的风把地上的纸屑吹得很高。街上的行人都用手遮面，惊慌地飞跑着。"这天怎么了？"王大爷突然觉得有些异常，他抬头往天上望去，只见天空浑浊，一片黄色，太阳像一个红色的灯笼，在黄色的云层中时隐时现。近处的楼房显得朦朦胧胧，两千米以外的一切物体，都淹没在了一片黄色之中。

就在同一天下午，四川盆地的绵阳、德阳、成都、巴中、南充、自贡等 13 个市，也与广元市一样，出现了"天空下灰尘"的现象。据统计，这一天全省有 56 个县出现了沙尘天气，范围几乎覆盖了整个四川盆地。另外，川北的剑阁、万源两地更为严重，沙尘纷纷扬扬洒下，出现了严重的扬沙。人们只要在室外待的时间稍长，就会感觉到眼睛干涩，鼻孔干燥，衣服上和头发上还有明显的灰尘。

黄沙天气的出现，引起了四川人民的普遍恐慌。人们的第一感觉，是 2008 年发生的特大地震引发了这场遍及全川的黄沙。

2008 年 5 月 12 日，四川汶川发生了里氏 8 级特大地震，地震的巨大能量使得山河改变，数十个重灾县出现了严重的山体断裂、滑坡、崩塌等现象，有些地方甚至整座山完全倒塌，出现了大面积的裸露岩土。大风一吹，裸露的尘土随风起舞，灰尘遮天蔽日。有人推测，很有可能是这些地震重灾区的尘土被大风吹起，形成了这种沙尘天气。不过，这种推测很快就被气象专家否定了。专家指出，重灾区的沙尘如果要影响到整个四川盆地，那重灾区必须得刮起特别猛烈的大风，出现特别强烈的沙尘暴天气。但事实上，4 月 24 日这天，地震灾区并没有出现大风天气，许多灾区的沙尘天气并不明显，其中重灾区的北川等县根本就未观测到黄沙出现。

排除了黄沙"土生土长"的可能性后，专家们把目光投向了北方：四川盆地的沙尘不是本地产生的，那它必定来自遥远的北方。

4 月 23 日至 24 日，中国新疆东部、甘肃大部、宁夏大部、陕西北部、山西北部和内蒙古中西部地区出现了大范围的沙尘天气，其中，内蒙古中西部和甘肃西部还发生了大范围的区域性沙尘暴，局部地区发生了强沙尘暴。大风劲吹，黄沙遮天蔽日，4 月 24 日这一天，这些地区都笼罩在了铺天盖地的沙尘之中。

"一般情况下，北方的沙尘很难翻越秦岭，但这次北方的沙尘暴太强烈了，而且距离四川盆地的直线距离较近，因此 24 日下午，随着北方冷空气南下，浮游在空气中的尘土、细沙翻越秦岭进入了四川盆地，使得四川出现了大范围的沙尘。"气象专家最后得出了结论。

其实，像这种沙尘长途奔袭的事件在其他地方也不鲜见。2008 年 3 月 1 日，一次影响范围大、强度强的沙尘入侵中国的华北地区。之后，沙尘继续飘过大海，在一天之内便到达了日本，使得日本的熊本、佐贺等地区的天空呈现出黄浊灰蒙的景象，沙尘给当地居民造成了极大恐慌。

以上这些沙尘入侵事件，都给我们敲响了环保警钟。专家指出，根治生态环境，大力植树和种草，才是防御沙尘入侵的最好办法。不过，治理环境，不但要治理本地的环境，更要治理沙尘源头的环境，这样才能将沙尘暴扼杀在"摇篮"之中。

大风来临前兆

月晕午时风

大风来临之前,有没有什么预兆呢?

我们都知道,晕是一种自然界的光学现象,它是太阳或月亮的光线透过高而薄的白云时,受到冰晶折射而形成的彩色光圈,其中,出现在太阳周围的光圈叫日晕,出现在月亮周围的光圈叫月晕。在中国民间,有一句谚语叫"日晕三更雨,月晕午时风",它的意思是说,如果前一天出现了日晕,第二天三更会下雨,而如果前一天晚上出现月晕,那么第二天午时会刮风。

在《洪水逃生》一书中,我们已经介绍过了"日晕三更雨",现在来看看"月晕午时风"是否可靠。

2015年3月31日晚上,福建省平潭县,一轮硕大的圆月出现在夜空中,月光照耀着大地,人们纷纷走出家门,在明亮的月光下锻炼或聊天。"快看,月亮戴项圈了!"不知谁喊了一声,大家抬头向天上看去,可不,一个巨大的圆环出现在空中,将月亮完全包围了起来,看上去就像月亮戴的一个彩色项圈。

这个圆环的直径非常大,颜色内红外紫,看上去宛如一道圆形彩虹。在晴朗的夜空中,它是如此的完整、清晰,仿佛月亮发出了璀璨耀眼的彩色光环。仔细观察,人们看到月亮周围还有一个小圆环,这个环的直径仅有大环直径的三分之一左右,其色彩排列也是内红外紫。在两个圆环的环绕下,月光变成了梦幻一般的紫色,使得整个平潭夜空充满了浪漫色彩。人们纷纷拿起手机,对着月亮猛拍起来。

「大风来临前兆」

月亮戴环现象持续了一个多小时,后来随着天空中的云渐渐增多,这两个环也就慢慢消失了。据气象专家介绍,当晚的圆环就是气象学上所说的

"月晕",而且是比较罕见的大晕。月晕出现,预兆着未来将有大风出现,而当地气象台也早做出了大风预报。天气实况显示,4月1日当地出现了短时西南风,阵风风力达到了7级;2日至3日,风力更是加强到了7至8级——不管是气象预报,还是月晕预兆,都证实了此次的大风天气!

"月晕"现象还在许多地方出现过。2014年11月5日22时许,新疆阿克苏地区库车县塔里木乡上空出现了"月晕"景观。月亮周围环绕着一个巨大的光环,看上去轮廓清晰,十分壮观,整个过程一直持续到第二天子夜1时。事实证明,11月6日中午库车县便刮起了可怕的大风。2015年3月4日晚,河北省石家庄上空的月亮特别圆,不过细心的人们发现,圆月周围有一个巨大的彩色光环,它伴随月亮,一直在空中持续了近五个小时才消失。第二天中午,石家庄天气突变,刮起了大风。

从以上例子我们可以看出,"月晕午时风"这一谚语还是比较可靠的。那么,"月晕"预报大风的科学依据是什么呢?气象专家告诉我们,这是因为月晕是月光穿过卷层云时,发生反射或折射而形成的,卷层云本身不会带来恶劣天气,不过它多产生在低气压的前方,所以常常能对大风等恶劣天气进行"通风报信"。一般情况下,卷层云出现在空中,表明低气压距离本地尚有六七百千米,按四五十千米每时的

移动速度来估算,一般在月晕出现后十几个小时大风才会到来,这便是"月晕午时风"的道理。

专家还告诉我们,月晕有时候会有缺口,这缺口的方向便是刮风的方向,而风力的大小则由晕圈的大小所决定——如果你晚上看到天上有月晕出现,一定要当心大风哦。

鱼鳞天,不雨也风颠

你有经常抬头看天的习惯吗?

如果有,你可能会发现一种与众不同的现象——"鱼鳞天"。

什么是"鱼鳞天"呢?"鱼鳞天"指的是天上的云细小如鱼鳞,它们整齐地排列在天上,布满整个天空,看上去十分美丽。

不过,这种美丽的云却是恶劣天气的象征。

2014年11月5日早晨,江苏省扬州市的市民王先生吃过早餐后,不紧不慢地走出家门,准备步行前往单位上班。走在路上,他不经意间往天上一看,哇,天气真好,蓝天上镶嵌着一块一块细小的白云,它们整齐地排列在一起,层层叠叠,很像鱼鳞,也有点像小排骨。由于这种云平时见得并不多,王先生随手拿出手机拍了几张,并将它们发在了微博上:"今天早上扬州的云很有特点,请哪位朋友帮忙辨认一下,这都是些什么云?"一时间,网友们议论纷纷,最后还是当地气象部门的一位专家道出了"鱼鳞云"的身世,并提醒大家注意增加衣服,因为出现这种云,晴好天气不久将会变坏。

那么这是一种什么云呢?原来,"鱼鳞云"就是气象学上所说的卷积云。这种云一般出现在5500米左右的高空,它的云块很小,常呈白色细波、鳞片或球状细小块，经常会排列成行或成群，很像轻风吹过水面所引起的小波纹。卷积云是高空大气层不稳定产生波动而形成的，也就是说，它是坏天气系统的"前部

先锋"，一旦本地的天空出现了它的身影，那就说明远处的坏天气系统正在侵入，所以民间有"鱼鳞天，不雨也风颠"、"云势若鱼鳞，来日风不轻"、"鱼鳞天，不过三"的谚语。

果然，王先生发现"鱼鳞天"的当天傍晚，风雨如约而至，扬州地区风声呼呼，下了一阵小雨。

无独有偶，2014年7月中旬，辽宁省盘锦市在经历了连续多天的晴好天气后，14日这天，蔚蓝色的天空中出现了排列整齐而又紧密的白色小云片，看上去好似鱼鳞。"鱼鳞云"同样引起了当地市民的好奇，不少人打电话到市气象局咨询，气象工作人员经过仔细辨认后，确定这是卷积云，并告诉大家："这种云出现后，天气不久就会变坏。"第二天，一场雷雨大风果然袭击了盘锦，并刮坏了不少塑料种植大棚。

从以上两个例子可以看出，"鱼鳞天"确实可以预兆风雨天气，不过气象专家也指出，"鱼鳞天"应是指布满全天（即使不布满全天，也须布满大部分天空）的卷积云，而且一般是有系统侵入的。这不应与局部地区，特别是天空出现的少量卷积云混为一谈，因为少量而又没有系统性的卷积云只是说明高空中有局部不稳定状况，它们并不能预兆风雨。此外，卷云、卷层云消亡之前也可能蜕化为卷积云，这种卷积云很薄并且正在消散，因而也不能看成是风雨前兆，相反，它却是晴好天气的标志。

另外，我们在看云识风雨时，还必须将"鱼鳞云"与"鱼鳞斑"

分别开来。"鱼鳞斑"指的是透光高积云,它的云块较大,看上去像鲤鱼的鳞片,而卷积云的云块较小,像细鳞鱼的鳞片。透光高积云预兆的往往是晴好天气,一般出现这种云,预示着后续几天将是晴天,所以民间有"天上鱼鳞斑,晒谷不用翻"之说。

热极生大风

有一句气象谚语叫"热极生大风"。从字面上看,"热极生大风"的意思是说如果一个地方热得太厉害了,不久便会产生大风。

为什么在极热的情况下会产生大风呢?下面咱们先看一个例子。

2015年4月下旬,四川盆地一连数日艳阳高照,气温节节攀升,天气好得有些反常。到4月29日这天,成都市午后的最高气温飙升至31.7℃,而城中心监测到的气温更是高达36.7℃。热!大街小巷均可看到清凉着装的时髦女郎,冷饮店的生意更是出奇的好,人们在提前感受夏天火热生活的同时,不禁从心底涌出疑问:"这天到底是怎么了?何时能'退烧'呢?"

当天下午,气象部门发布的天气预报便为市民们送来了好消息:4月30日至5月1日,盆地自西向东将有一次明显的降雨天气过程,并伴有雷电和短时大风。果然,从30日开始,四川盆地的天空骤然"变脸",在惊雷闪电伴随下,狂风暴雨一路横扫,"发烧"的大地迅速退烧,部分地方甚至还造成了灾害。在这次天气变化过程中,最可怕的是大风,一些地方的瞬时风速超过了17米/秒,造成大树被刮断、农房屋顶被掀翻等灾害。狂风暴雨过后,到处一片狼藉。

这种"热极生大风"的现象在中国其他地方也屡屡出现。2014年

「大风来临前兆」

4月中上旬,甘肃省大部分地方气温偏高,其中酒泉的农作物播种期和林果开花期都较往年提前了十天左右。就在当地群众沉浸在融融春光中时,从4月23日开始,一股强冷空气自西向东入侵甘肃,带

来了一场始料不及的大风降温天气,包括省会兰州在内的多个市州遭沙尘天气突袭,其中旅游胜地敦煌遭特强沙尘暴侵袭,最小能见度仅20米左右。受大风沙尘天气影响,途经兰州的15趟旅客列车被迫停运,部分列车晚点时间较长。

气象专家解释,春季出现的"热极生大风",是由于在春季里,暖湿空气控制下的天气十分闷热,而这种局面往往预示着北方冷空气即将南下;因为冷气团是高压,暖气团是低压,当冷、暖空气相遇时,两个气团存在很大的气压差,所以空气从高气压向低气压流动就形成了风;两者气压差越大,产生的风也越大。

除了春季易出现"热极生大风",夏季也会经常出现这种现象。2015年7月12日上午,北京市丰台区一带闷热异常,中午时分,天气更是热得让人难以忍受,只要在室外稍一走动,汗水便会流满一身。就在人们对炎热天气大加抱怨的时候,下午风云突变,一股强对流袭击了丰台区。该区西部的王佐镇出现了雷阵雨天气,并伴有短时大风和冰雹。据设在当地的自动气象站观测,当地的瞬时最大风速达到了23.6米/秒。大风造成丰台区魏各庄、怪村、大富庄、瓦窑及周边工地受灾严重,出现供电供水中断、树木房屋受损等灾情。

气象专家分析,夏季的"热极生大风",是由于夏季地面受太阳辐射增温后,近地面空气温度也跟着升高,从而使之密度变小,重量变

轻，容易升到高空而产生对流；当大量热空气上升到高空后，其他地方的较冷空气迅速流过来补充，空气快速流动便形成了大风。

不管是春季还是夏季，当天气出现反常炎热时，我们都应该提高警惕，因为这可能是大风到来的前兆。

五更起风刮倒树

很多时候，大风都是黑夜里来偷袭的，这是因为夜里气温下降后，空气容易对流，所以也就容易生成风。

不过，如果你留心观察，就会发现夜里起的风有很大不同。上半夜起的风，比较温柔，而且往往天亮就会停止；而下半夜起的风（特别是清晨起的），特别凶猛，往往会把树木等刮倒。所以，中国民间有句谚语叫"夜里起风夜里住，五更起风刮倒树"。

要理解这句谚语，最好到四川省汉源县清溪古城去实地感受一番。清溪古城位于四川盆地西南部，传说这里是风神居住的地方，因此古时又被人们称为"风城"。由于独特的地理位置，每年冬春季节这里起大风的日子特别多。大风顺着泥巴山顶倾泻而下，直扑半山腰的清溪古城，风声"呜呜"，吹得尘灰四起，天昏地暗，此时，过路的人都不敢逆风而行，只能背风躲避。不过，清溪的风再怎么厉害，它们也遵循着一个规律：不管夜里风刮得有多么猛烈，在天亮之前都会停止。也就是说，第二天一早你起床后，整个世界是安静的，大风要到下午时分才会卷土重来。

不过，也有极少数时间会出现例外。2013年4月中旬，当地的大风便没日没夜地刮了整整两天两夜。这次的大风不同于往常的大风，

「大风来临前兆」

它的瞬时最大风速超过了 20 米/秒,将一些农房的屋顶掀翻,地里种植的果树也被刮倒了不少。据了解,这次大风便是从清晨刮起来的,而且一刮便没完没了。为什么同样是大风,清晨起的风更厉害呢?据气象专家解释,

平时这里下午(或夜里)起的风,是本地热力对流产生的,它只是一种局部大风,随着下半夜气温迅速下降,对流消失,大风很快停止了;而 2013 年 4 月的这次大风,是北方冷空气入侵本地带来的寒潮大风,所以它不仅不遵守"作息"时间,而且风力巨大,给当地造成了房毁树倒的灾害。

在中国的南方沿海地区,这种"夜里起风夜里住,五更起风刮倒树"的现象更为普遍。专家指出,在正常天气条件下,这些地区夜里不会刮大风,即使有也是局部,很快就会停止;但若是夜里起风且不见停止,尤其是在空气最为稳定的清晨(五更)起风的话,说明有气旋或台风等低压系统过境,因此往往会有狂风暴雨出现。如 2015 年 7 月中旬,台风"灿鸿"在浙江绍兴过境,据当地气象部门监测,"灿鸿"来临时,当地从黎明时分开始起风,中午时风力达到最大,同时暴雨狂泻,给当地造成了很大损失。2015 年 8 月 12 日,台风"苏迪罗"从江苏无锡过境时,大风也是从后半夜开始刮起来的,白天风不但没有减弱,反而越刮越猛,甚至一度让生活工作在高层建筑里的市民十分担忧,因为他们感觉到大风中自己所在大楼也在"摇摆"。

"五更起风刮倒树",这条谚语形象地告诉我们,五更时分起风时,我们一定要做好防御大风的准备!

风向兆大风

我们都知道,风向就是指风吹来的方向,从东边吹来的叫东风,从南边吹来的叫南风,从西边吹来的是西风,从北边吹来的是北风。

可是你知道吗,风向有时也能预兆大风。

咱们先来说说南风。在中国的北方地区,比如内蒙古的呼和浩特就流传有这样的谚语——"南风不过午,过午连夜吼",意思是说从南方吹来的风一般中午就会停止,如果中午还不停,就会越刮越大,一整夜都会发出吼叫。最典型的事例发生在2015年8月1日。这天上午,呼和浩特一直吹的是南风,不过风力并不大,只有3~4级左右。过了中午,南风依然没有停歇的迹象,相反却越刮越大。下午4时30分,当地突然狂风大作,路上的行人纷纷找地方躲避。在大风的袭击下,该市大学西街与石羊桥交会处附近,一棵直径60厘米左右的大树从根部直接断裂,随着"嘭"的一声巨响,倒下的大树砸中了停放在附近商铺门前的面包车,当场将面包车砸坏,路过的3辆机动车也受到不同程度的剐蹭,所幸未造成人员伤亡。之后,大风稍有减弱,不过直到第二天风向才转变为北风,风速也终于恢复了常态。

你可能会问:"南风为啥'过午连夜吼'呢?"原来,呼和浩特位于北方,一般情况下南风出现的频率比较小,所以很难连续吹半天的南风。但如果有气旋(即低压系统)到来时,受其中心的吸引,在它的南半部,南风很可能会持久,连吹半天以至一两天都有可能,所以当地谚语说"南风不过午,过午连夜吼"。气象专家指出,这条谚语不仅适用于呼和浩特,在中国北纬38度以上的北方地区都适用,比如河北省某地就有"南风不过晌，过晌听风响"之说，它的意思与"南风不过午，过午连夜吼"差不多。

接下来咱们再看北风。在中国江苏省无锡市，流传有这样一句谚语——"日落北风煞，不煞风就大"。在这里，"煞"是停的意思，整句谚语的意思是说太阳落山前北风就会停止，如果不停的话，风就会越刮越大。这句谚语同样适用于中国南方的大部分地区。如2015年4月12日，江西省南昌等地虽然天气晴好，但一直吹的是北风，太阳落山后北风不但没有减弱，反而越刮越大，最终发展成为雷雨大风天气。气象专家指出，一般情况下南方地区不太会吹北风，北风之所以会发展成大风天气，与冷高压系统的大范围入侵有关，所以日落前如果北风还没有停止，那就要谨防大风和降温降雨天气了。

关于西风，江苏省常州市有一句谚语——"西风不过酉，过酉连夜吼。"这里的"酉"指酉时，也就是下午五点至七点的时间。在晴好的天气条件下，西风一般到这个时间就静止下来了，但如果过了酉时还不停止，就说明这不是在晴天因空气对流而产生的西风，而是西方高压中心来的西北风，这种风性情暴烈，而且一刮往往就是一整夜。

最后来说说东风。东风来自于温暖潮湿的海洋，所以东风一到来，往往就会带来连绵不绝的降雨，所以民间有"四季东风是雨娘"、"东风急，备斗笠"、"东风是个精，不下也要阴"等谚语。气象专家指出，东风在给当地带来降雨的同时，也可能会引起大风，所以刮东风时也要注意防范大风灾害。

警惕天边烟云

前面我们讲了大风来临前的预兆,现在来说说沙尘暴袭来的前兆。

气象专家告诉我们,沙尘暴是由寒潮大风造成的,所以每当寒潮发生、大风猛刮之时,沙尘暴多发地的人们就要高度重视了。特别是居住在沙源地附近的人们,更要提高警惕,及时做好防御沙尘暴的准备。

沙尘暴来临前,天色会突然变得昏暗,如果你留心观察,会看到天边有烟云升起,这种烟云,就是沙尘暴来临的前兆,所以民间有"天边起烟云,沙暴快来临"之说。

下面咱们一起去看一个事例。

2014年6月2日下午2时,伊朗首都德黑兰的郊区公路上,一辆小货车正快速向前行驶。开车的男子叫穆罕默德,是一家电器公司的送货员,他此次是应客户要求,将几台电器送往郊区。

汽车快速平稳地向前行驶,这条路上的汽车较少,黑色柏油公路笔直地伸向远方。穆罕默德一边开车,一边哼着小曲。对大多数人来说,送货员的工作东奔西跑,十分辛苦,不过穆罕默德十分喜欢目前的工作。当一个人开车走在路上时,他总会用哼小曲的方式来排遣寂寞。

这天的风有点大,风声"呜呜"尖叫,听上去有点瘆人,不过穆罕默德并没放在心上,因为德黑兰平时的风就比较大。一首小曲还未哼完,他漫不经心地向远处看去,突然之间,他的目光凝住了:地平线上,有一片黄色的烟云正冉冉升起。

「大风来临前兆」

穆罕默德赶紧减慢车速,作为一个在沙漠地区长大的人,他知道这片黄云意味着什么。他把车慢慢开下公路,开到了一处相对背风的地方。安顿下来后不久,天色便暗了下来。

从车窗看出去,只见那片黄色烟云已经从天边弥漫过来,它遮天蔽日,看上去十分恐怖。不一会儿,可怕的沙尘暴便席卷而来,天空瞬间如黑夜。穆罕默德把车窗摇上,把口鼻紧紧捂起来,在惊恐和无助中等待沙尘暴慢慢过去,有那么一刻,他眼前一团漆黑,感觉汽车就要被狂风吹翻了……穆罕默德在这次沙尘暴袭击中死里逃生,不过,有人就没这么幸运了。这天下午,德黑兰地区有不少大树被刮断,汽车遭砸坏,4人在沙尘暴中遇难。受沙尘暴影响,包括首都德黑兰在内的伊朗大部分地区空气污染严重,迫使政府宣布放假一天。

在这次沙尘暴中,穆罕默德看到的是黄色烟云,但在一些地区,沙尘暴来临前人们看到的烟云却不是这个颜色。如2009年澳大利亚悉尼市遭沙尘暴袭击,从天边席卷而来的烟云呈橙红色,看上去既恐怖又美丽。2011年7月5日,美国亚利桑那州凤凰城遭沙尘暴袭击,人们看到的烟云却呈黑色。究其原因,主要是这些地区的沙尘颜色各不相同:伊朗沙漠的沙子是黄色的,美国亚利桑那州的土壤却呈黑色,而澳大利亚的沙漠更是与众不同,那里的沙子都是橙红色的。

不管是什么颜色的烟云,当你在大风天气里,看到有烟云从天边弥漫过来时,一定要提高警惕!

旋转的乌云

最后，让我们来了解龙卷风来临的前兆。

在"科学认识大风"章节中，我们已经讲过，龙卷风"诞生"于巨型积雨云中，而积雨云，也就是我们平时所说的乌云。

在龙卷风来临前，天上的乌云有没有反应呢？

2012年8月22日中午，广西北海市上空乌云密布。在一个叫南潿的地方，乌云尤其密集。南潿位于北海市的南端，当地人又称之为南万。距南潿村不远，便是广阔无垠的大海。这天中午，乌云把南潿村及邻近的海域笼罩得严严实实，天地间一片昏暗，仿佛黑夜提前来临了。

海边的一处养殖场内，七十多岁的陈阿伯和几个工人正在忙活。在他们身旁的水池内，鱼虾不停蹦出水面，其中一些鱼由于缺氧，看上去奄奄一息。

"这场暴雨下起来可不得了！"有人不时抬头望望天空，心里的不安越来越重。

陈阿伯也向天空望去，只见头顶的乌云一片墨黑，云层越垂越低，似乎快要砸到海面上来了；云底乱云急速旋转、移动，似乎云层中间有根巨大的棍子正在猛烈搅动；风声呼呼，听上去惊心动魄。

"我看不只是要下暴雨，说不定还会有'龙吸水'出现哩。"陈阿伯的脸色一下变了。

"什么是'龙吸水'呀？"有个十一二岁的男孩不解地问。这个男孩来自内地，是其中一名工人的孩子，因为父母都在北海打工，他是

「大风来临前兆」

放暑假后赶到这里来玩耍的。

"我们南满有个传说,龙王是专管人间下雨的神仙,不过这雨下在哪里,要下多大,必须得天上的玉皇大帝说了算。"陈阿伯说,"龙王每次接到下雨的任务后,都会到海洋或江河里吸足水,然后再飞到指定的地点下雨。"

说到这里,陈阿伯指着旋转的黑云说:"你瞧,这团乌云旋转得很快,要不了多久,海水就会被它吸到空中去了。"

"这团乌云为啥会旋转呢?"男孩惊奇地问。

"因为里面有龙王啊,龙王在云里不停搅动,所以云就旋转起来了。"陈阿伯说,"我这辈子见过几次龙吸水,每次都是满天乌云,云底不停旋转,没过多久海水就被吸上天去了。"

"真的吗?"男孩既紧张又兴奋。

"陈阿伯说的'龙吸水',并不是真的龙在吸水,它其实是龙卷风。"旁边一个年轻工人说,"美国有一部电影叫《龙卷风》,它们出现之前都是这种情形……"

正说着,"轰隆"一声,天上打雷了,紧接着倾盆大雨从天而降。暴雨持续了没多久,这时,不远处的海面上刮起了狂风,并出现了一幕奇异景象:一股白亮亮的海水被吸到空中,响声震天动地,看上去仿佛真的有龙在海面上吸水。

这天下午,南溟海域先后出现了四股"龙吸水"奇观,它们全都出现在相同方位,整个过程大约持续了7分钟,养殖场的工人们和附近居民都拍摄到了这一奇异景象。

在这一事例中,旋转的乌云正是龙卷风来临的前兆。在许多龙卷风出现前,人们都观察到了这样的现象。2012年8月26日下午5点半左右,江苏省淮安市洪泽湖上空先是出现了大团乌云,云层不停旋转,不一会儿,市民们便观察到了罕见的"龙吸水";2013年5月20日当地时间下午,美国俄克拉荷马州首府俄克拉荷马市郊区穆尔遭遇强劲龙卷风袭击,至少造成91人死亡、233人受伤,在这股猛烈龙卷风来袭之前,人们也观察到了猛烈旋转的乌云。

专家告诉我们,强烈而连续旋转的乌云,可以说是龙卷风出现的一大前兆,有时在云层下的地面上,也能看到旋转的尘土和碎片,同时,我们还会听到巨大的声音:开始像瀑布,而后如火车或飞机的轰鸣声——当这些现象出现时,一定要提高警惕。

当心乳房云

在《雷电逞凶》一书中,我们详细介绍过乳房云的特点和形成过程,没错,乳房云就是积雨云,而且是积雨云中特别厉害的那类,它不但会带来猛烈的雷电和大雨,而且还可能形成可怕的龙卷风。

2013年7月22日下午4时许,美国密歇根州艾恩山,一名叫约翰逊的年轻人和几个朋友正奋力向山上攀登。

天气晴朗,太阳火辣辣地照耀着大地,天气十分闷热,即使是在艾恩山上,约翰逊他们也感受不到多少凉爽。

「大风来临前兆」

"这天真热呀!"大伙又累又热,当爬到一块突出的山岩上时,几个朋友东倒西歪地躺在了地上。

"天气预报说今晚有暴风雨,咱们赶紧往上爬吧。"约翰逊抬头望了望山顶,心里有些焦虑。

"你着什么急呀,暴风雨不是晚上的事吗?"一个朋友拉了约翰逊一把,示意他也躺下休息。

就在他们休息的时候,不知不觉,天上的云渐渐多了起来,不一会儿,火辣辣的太阳也被遮住了。

"天气终于凉爽了,咱们出发吧!"约翰逊再次催促,这一次,大伙没再较劲,而是顺从地爬了起来,跟在他身后继续向上攀登。

又经过一个多小时的攀爬,约翰逊他们终于到达了山顶。此时已经快傍晚了,站在山巅向下望去,只见原野莽莽苍苍,景色秀丽,令人心旷神怡;起风了,阵阵山风吹在身上,更是让人神清气爽,爬山的疲劳不觉消失得无影无踪。

大伙拿出手机,对着眼前的山景一通乱拍。

"快看那边的天空!"有个朋友突然指着头顶一侧的天空惊叫起来。大伙随着他指的方向看去,发现西边的天空中出现了一大片橙色怪云,几乎占据了整个天空的三分之一。"怪云"底部径直垂下来,形成了一个个硕大的半球形,仿佛奶牛乳房,又好比悬挂的彩色气球。在夕阳的余晖映衬下,那些"奶牛乳房"闪烁着奇异光泽,看上去瑰丽无比,美不胜收。

"真美啊!"大伙情不自禁地发出赞叹,他们把手机掉转方向,对着天空"咔嚓咔嚓"拍摄起来。

"咱们得赶紧下山!"约翰逊拍了几张照片后,突然一下想到了什么。

"这么美的云平时很难见到,再多拍几张嘛。"朋友们不管不顾。

"别拍了,再拍龙卷风就要来了。"约翰逊大吼一声。

"什么龙卷风?"朋友们全都不解地望着他。

"我叔叔是气象台的工作人员,他曾经告诉过我,如果天上出现'乳房云',就预示着龙卷风或暴风雨快要来临。"约翰逊说,"咱们的车停在山下,万一龙卷风到来把车卷走咋办?"

"是呀,要是车没了,咱们可就回不去了呀!"朋友们顿时着急起来。

大伙急急忙忙往山下赶,刚到半山腰,就看见山下不远的旷野上已经出现了龙卷风。此时黑压压的云层布满了整个天空,特别是龙卷风上空更是云山叠嶂,气势峥嵘,看上去十分恐怖。龙卷风所过之处,地面上一片狼藉。约翰逊他们吓呆了,直到龙卷风消失,大伙才从山上溜下来,所幸的是,他们的车安然无恙。

这起事例警示我们,当天空出现"乳房云"时,一定要引起高度重视。专家告诉我们,乳房云的"寿命"短则十多分钟,最长的可达几个小时,它们出现往往预示着龙卷风或其他恶劣天气将临,所以当你看到天空中有乳房云出现时,一定要小心,记得提前做好防灾避险的准备。

可怕的"象鼻"

龙卷风最大的标志,是"长"有一根像大象一样的长鼻子,这根

"象鼻"垂在天地之间，令人望而生畏。

这根"象鼻"，其实是漏斗状乌云，它的出现，说明龙卷风已经快要来临了。

下面，咱们通过美国一个"追风者"的经历，去了解龙卷风来临前的这一现象。

迈克·霍林西德是美国著名的"暴风追逐者"，在十多年的"追风"生涯中，他有二百次近距离接触过龙卷风，不过，令他印象最为深刻的，是2008年4月的那一次追风行动。

2008年4月初，霍林西德从美国中央气象台发布的天气预报中得知，4月9日得克萨斯州将会有一次强龙卷风发生，于是他决定前去"追风"。头一天晚上，他像过去一样没有睡好，半夜2点多才睡着，凌晨5点便早早醒来了。简单吃过早餐后，他驾驶一辆越野车出发了。

从居住的内布拉斯加州赶往得克萨斯州有10个小时的车程，9日傍晚他驱车赶到那里时，当地已经狂风四起，空气中的一切都躁动不安。"根据气象预报，龙卷风即将在本地出现，请居民们做好防灾避险工作！"车载电台中传来播音员的声音。霍林西德赶紧打开车上的卫星导航，从扫描图上清晰地看到，一个巨大的阴影正在他所处位置的东面形成，并像一根硕大无比的烟囱向着得克萨斯州东部的小镇布雷肯里奇呼啸而去。

直觉告诉霍林西德，扫描图上的这个阴影是一面云墙，而它正是龙卷风形成的重要标志，也可以说就是龙卷风前兆。

霍林西德心里很清楚，尽管龙卷风威力巨大，但它从形成到消失一般只有短短几分钟时间，可以说稍纵即逝，可是，到布雷肯里奇小镇没有直达的高速公路，到那里去必须绕一个大圈子……来不及多想，他立即掉转车头，先往南，然后沿着351高速公路飞速驶向东部的布雷肯里奇小镇。

汽车在路上高速行驶，霍林西德忽然感觉到窗外暗灰色的云开始变亮。有那么一瞬间,他看到天空泾渭分明,形成了强烈对比。他所在的西边天空晴朗,出现了蓝天白云;但在他的东边却山雨欲来,一堵黑压压的云墙呼啸着往东翻滚,就像一辆巨大的黑色推土机,疯狂扫荡着前面的一切。

云墙移动十分迅速,而这时风速也越来越快,不一会儿,霍林西德看见天地间出现了一个巨大的"漏斗",它看上去仿佛一个圆桶,更像是一根巨大的"象鼻"。

"My god(天哪)!"霍林西德大惊失色,凭着以往追风的经验,他知道"象鼻"一旦形成,那个可怕的恶魔龙卷风就要出现了。

霍林西德明白,这就是他今天想要拍摄的"主角",不过,这个"主角"与他的距离实在太远了,而且它正以飞快的速度离他而去。来不及多想,他赶紧拿出摄影机,拍下了眼前所看到的一切。

很快,云墙和"象鼻"远去,并逐渐从他眼前消失了。事后,霍林西德从新闻里得知,这个硕大的云墙最后形成了龙卷风,并席卷了布雷肯里奇镇,至少造成一人死亡,多人受伤,并有大批房屋屋顶被掀翻,窗户玻璃被砸碎。

「大风来临前兆」

　　这个事例告诉我们，当你看到远处有黑压压的云墙向本地移来，特别是云墙下方有"漏斗"状的乌云生成时，一定要赶紧躲起来，因为这是龙卷风即将来临的前兆。专家还告诉我们，如果看见掉落在地面上的电线附近，有明亮的蓝绿色火花，也说明龙卷风正在形成，这时也要迅速采取措施躲避。

大风逃生及防御

形势危急赶紧跑

大风吹来,有时会掀翻屋顶,吹毁房屋,这时怎么逃生自救呢?

前面咱们讲过一个事例:2012年4月7日,尼日利亚中部贝努埃州突发大风,吹倒了一座叫圣罗伯特的教堂,造成22名教徒死亡、31人受伤的特大灾难。

这起事件之所以造成了很大灾难,原因在于人们的侥幸心理。当大风猛吹,教堂屋顶"嘎嘎"作响,整座大楼都开始摇晃时,虽然也有人担心"房子会不会被吹倒",但是却没有一个人逃离,所以后来教堂倒塌造成了很大伤亡。试想一下:假如当时人们全都跑了出来,还会有重大伤亡吗?

侥幸心理害死人!下面咱们再讲一个事例。

2013年8月11日晚上,四川达州市大竹县人和乡响龙村,天空墨黑,闷热异常。该村村民杨德明一家人吃过晚饭后,天上响起了"轰隆隆"的雷声。"要下雨了,赶紧去把外面晾晒的东西收回来。"杨德明叫上儿媳一起去收玉米。待他们收完晒在院坝里的玉米之后,外边开始起风了。

眼看一场暴风雨即将到来,一家人只能待在屋里休息。没过多久,几岁的小孙女嚷着要睡觉,于是儿媳便准备带她到楼上卧室睡觉。"爸,你帮忙把蜡烛点上吧。"由于停电,屋里漆黑一片,杨德明按儿媳的要求点上了蜡烛,并把母女俩送到了楼上卧室门口。

返身下楼后,杨德明听见外面风很大,刮得屋外的大树、电线杆

"哗哗"直响。过了一会儿,他突然感觉楼房似乎在摇晃。难道大风要把整个楼房吹倒?这个念头刚刚闪过脑海,楼上忽然传来"轰隆"一声巨响,同时响起了儿媳的惨叫声。

糟糕,房子真被吹垮了!杨德明吓得一激灵,赶紧跑到楼上一看,只见儿媳和孙女住的卧室已经成了废墟,遍地砖头,母女俩被压在下面生死未卜。此时大风直灌进来,暴雨也开始倾泻。杨德明脑海里一片空白,为了救出母女俩,他在垮塌的卧室内到处摸,一边刨砖,一边大喊救命。听到喊声后,邻居和派出所民警赶到了现场参与救援,不幸的是,儿媳和孙女被刨出来后,已经没有了生命迹象。

2015年8月6日,南昌市新建区也发生过一起大风吹垮房屋致死致伤的事件。当天下午,该区长垦工业园区遭遇罕见强对流天气,狂风将一在建工地上的部分板房掀翻,导致6名工人被埋受伤,其中1人因伤势过重不幸身亡。据一名叫杨爽的亲历者讲,当天他因为身体不舒服,请假在板房中休息,下午3点半左右,外面突然刮起大风,下起暴雨,由于此前也遇到过这样的恶劣天气,他并没有觉得有什么不对劲,但是随后板房开始整体晃动。晃动越来越厉害,"房子要垮了，快跑！"身边的几个工友看形势不对，迅速跑了出去。杨爽当时还在床上，他稍稍迟疑了一下，正要下床开跑时，板房"轰"的一声倒了下来，他被钢制的床架和杂物压住，脑袋和身上都受了轻伤，费了很大劲才慢慢爬了出去。"要是早一点跑出去就好了！"事后，杨爽心有余悸地说。

是呀，当我们身处危旧房屋或板房内，外面大风狂吹，眼看形势危急时，千万不要心存侥幸，要迅速跑出屋子，就近寻找安全的庇护所。

专家还告诉我们，大风天里，不要在不安全的危旧房里停留；行走在路上也应该注意观察周围的广告牌、灯箱等是否有脱落迹象；路过建筑工地时，更要注意高处建筑器材是否会坠落。

充气城堡不安全

充气城堡，是一种外观为城堡造型的充气游乐设备，许多孩子都喜欢爬到"城堡"上去玩耍。可是，这种充气城堡具有很大的安全隐患，一旦遭到大风袭击，很容易造成"城"倒人伤的惨剧。

2015年5月4日下午4时许，河北省廊坊市永清开发区曹庄村一处小广场上，几个孩子正在一处大型充气城堡上玩耍。这座"城堡"高约4米。孩子们在上面爬来爬去，玩得十分畅快。家长们则在"城堡"旁边守候，一边看着孩子玩耍，一边愉快地聊天。不知不觉，天气发生了变化，空中乌云增多。"好像要下雨了。"一个家长抬头看了看天空。她正要去叫自己的孩子下来时，突然一阵狂风吹来，她猝不及防，差点被吹倒在地。

　　等她回过神来看时，只见高高的"城堡"被大风吹得猛烈摇晃，孩子们在上面惊慌失措，吓得"哇哇"大哭。虽然充气城堡四面都用绳子拉着，但根本扛不住强风的力量。"快来人啊，城堡要被吹倒了！"家长们一起大声呼救。可是在这种情况下，谁也无法拯救"城堡"。大家眼睁睁地看着它挣开绳子，被大风刮了起来，带着孩子们跟跟跄跄地向前移动。"救命啊！快救命啊！"家长们吓坏了。"城堡"在移动了一段距离后，被前面的房子挡住，几个在上面的孩子，则被顺势掀到了四米多高的房顶上。

　　幸运的是，这几个孩子只是受到了严重惊吓，身体并无大碍。不过，家长们却被吓得不轻："如果没有前面的房子挡着，估计就出大事了。"

　　近年来，类似充气城堡被大风吹翻导致人受伤甚至死亡的事件屡有上演。2008年，宁夏发生一起充气城堡夺命惨案。这年的5月2日，正值五一大假期间，银川市名人广场上热闹非凡，广场一侧有一座商家布置的充气城堡，几个孩子在一个家长的带领下，正在"城堡"里快乐地玩耍。突然，一阵狂风刮来，固定"城堡"的绳索瞬间被拉断，几米高的庞然大物摇摇摆摆地被刮到空中。之后，风力减弱，"城堡"重重地坠落在地，里面的大人和孩子全部受伤，其中1名两岁半的幼女因伤势过重，抢救无效于次日不幸身亡。2014年7月12日，山东即墨市也发生过这样的惨案。当天下午，两个孩子在一座充气城堡内玩耍时，大风骤起，充气城堡被一下掀翻，孩子们被压在城堡下面，一名孩子当场死亡，另一名孩子腿部骨折。2014年10月5日，上海市杨浦区大连路的宝地广场上，一群孩子在一座大型的充气城堡里玩耍，突然一阵狂风刮来，"城堡"被吹翻，13名儿童全部受伤送医。

专家指出，近年来，为了增加对孩子们的吸引力，商家将充气城堡越做越大，有些甚至高达五米以上。而偌大的"城堡"仅靠几个沙袋和安全绳固定，存在很大的安全隐患，一旦遭遇狂风很容易被吹翻，因此需要引起商家和家长们的警惕。专家建议：一是要关注天气预报，一旦前一天预报了大风天气，第二天就要特别小心了；二是注意观察天气变化，一旦天气有变、出现大风征兆时，商家就要赶紧停止营业，而家长也要禁止孩子去"城堡"里玩耍；三是如果遭遇不测，充气城堡被大风刮起时，里面的大人和孩子一定要紧紧抱住"城垛"之类的凸起部分，以免从空中坠落造成伤害。

拴紧保险绳

大风刮起来时，天昏地暗，如果你当时正在野外爬山，该怎么办呢？

先来看一个真实事例。

2012年1月27日凌晨，在中国西南著名的登山胜地——四姑娘山，两个登山者正奋力向上攀登。

四姑娘山，位于四川省阿坝藏族羌族自治州小金县与汶川县交界处，它由四座绵延不断的山峰组成，被称为"蜀山皇后"、"东方阿尔卑斯山"，其主峰幺妹峰海拔6250米。四姑娘山是中国首批对外开放的十大登山名山之一，每年都会吸引不少登山爱好者前来攀登。

这两个登山者，一个是来自福建的年轻小伙陈某，另一个是当地村民杨某。陈某是一名登山爱好者，大学毕业后，他顺利考上了公务员。2012年春节，陈某萌生了去征服四姑娘山的想法，于是给家里人说了一声后，便打点行装兴致勃勃地出发了。

1月25日，陈某抵达了四姑娘山景区。当晚，他在景区附近的村民杨某家中住宿。得知陈某要去攀爬四姑娘山，杨某自告奋勇充当向导。第二天一早，两人悄悄出发了。由于没有办理户外活动的相关手续，也没有申请登山许可证，他们的行为属于偷登，因此只能朝人迹罕至的地方进发。

经过一天攀爬，26日夜间，两人终于来到了最难攀登的三峰。在四姑娘山的四座山峰中，大峰、二峰、四峰的登山难度相对较小，而三峰却不太容易攀登，因为三峰海拔5664米，为极高山刃脊山顶，山顶非常狭窄，稍不注意就会跌落下去。

不过，两人并没有退缩，他们在山脚稍事休息后，开始向山上进发。虽然是夜里登山，但天气晴好，繁星布满天空，再加上他们带有手电筒，所以攀爬并无障碍。经过一番艰苦努力，27日凌晨三点左右，两人终于顺利爬上了峰顶。

征服了四姑娘山最难攀登的三峰，陈某兴奋不已，向导杨某也格外开心。不过，他们没高兴多久便遇到了麻烦：山上开始刮风了！

"赶快下撤！"深知山上大风厉害的杨某有点慌张了，"这大风要是刮起来会很危险，咱们都把保险绳拴上吧。"

"好的，那现在就下山吧。"此时风越刮越大，陈某也害怕了。

两人把保险绳挂上，慢慢往山下撤退。大风一阵比一阵强烈，风声尖啸，发出可怕的"呜呜"声。在大风之中，每走一步都格外艰难。有好几次，陈某都差点被大风刮倒，他战战兢兢地跟在杨某身后，小心翼翼地往下挪动脚步。

下撤了一段距离后，他们终于来到了一处稍为平坦的地方。两人在这里休息。杨某休整一会儿后，一回头发现陈某不见了——原来休息时陈某松开了保险绳，结果被大风硬生生地刮下了悬崖。

"你在哪里？还活着吗……"杨某大声呼叫，然而回答他的只有呼啸的风声。

接到陈某失踪的消息后，四姑娘山景区迅速派出了 6 批搜救人员前去寻找。1 月 28 日下午，搜救队终于在海拔 4800 米的悬崖下发现了陈某的尸体。

这起登山遇难事件告诫我们：第一，登山前一定要事先了解当地的天气情况，如果天气预报有大风、雨雪等恶劣天气时，最好不要前往攀爬；第二，登山时遭遇大风天气，一定要沉着冷静，立即寻找背风的地方躲避；第三，为了避免被风刮走，要尽量降低身体重心，同时手要随时抓住身边牢靠的物体；第四，大风会迅速带走身体的热量，所以要注意保暖，避免被冻僵。

千万记住：如果你身上拴有保险绳，任何时候都不要解开它！

「大风逃生及防御」

高处不胜险

大风吹来，不仅高山攀登者有风险，高空作业的人们也同样面临极大危险。

2015年7月的一天，陕西省西安市发生了一起大风制造的灾难：两名在大楼外施工的工人被大风刮起，几番撞击后当场死亡。

这起骇人听闻的惨祸发生在7月24日。当天下午，西安市城南锦业路与丈八二路十字路口东北角的绿地中心，有一座在建楼盘正在施工。十几个工人将安全绳拴在身上，像"蜘蛛侠"一般从大楼的15层悬垂到12层，往玻璃幕墙中间的缝隙里抹腻子。

从地面到工人们作业的位置，大概有六十多米高，看着令人心惊胆战。不过，工人们似乎早已习惯了这项工作，他们一边说笑，一边干活。这些"蜘蛛侠"中，有一个姓刘的小伙子，他虽然不久前才从事这项高空工作，但由于年轻无畏，所以每次总是冲锋在前。

干到下午5点多钟，突然风云突变，刮起了猛烈大风。这场风刮得天昏地暗，一些小树被当场折断，地上的尘灰、纸屑、枯叶等漫天飞舞，整个情景十分悚人。

"糟糕，起大风了！"大风突起时，距离楼层出口较近的工人们赶紧抓住墙面，把自己的身体固定起来。可是，小刘和另一名工人猝不及防，被大风一下刮到了空中。

风实在太大了，小刘他们就像风筝一般，被吹到了距离大楼数十米的空中，然后在绳索的牵引下迅速回落，直接撞向大楼东侧外立面。第一次撞击时，人们看到小刘他们用脚蹬了一下玻璃外墙。然而，大风再次把他们吹起，不幸的是，两人身上的绳子很快缠到了一起，随着"嘭"的一声巨响，他们的身体重重地撞在了大楼外墙上，惨叫声不绝于耳……一次又一次撞击，惨叫声越来越弱。整个过程持续了二十多分钟，到后来，他们就像挂在上面的两件衣服，被大风随意地吹来荡去。大风停止后，两人被解救下来迅速送往医院，但医生还是没能挽回他们的生命。

这起大风伤人事件令人震惊。无独有偶，2000年3月27日下午，一场8级大风袭击北京，在北京某小区工地施工的3名工人被吹下数十米高的脚手架，当场死亡。2015年4月12日，江苏泰州市的一个工地上发生脚手架倒塌事故，造成2名工人死亡，10多人受伤，经调查，认定事故发生的原因正是突然刮起的大风。

专家指出，当地面风力大于4级时，就会对建筑施工产生影响，并使10米高的塔吊不能运转；风力大于5级时，60米高的塔吊易出轨翻倒；风力大于8级时，吊车易翻倒，脚手架难以架设。因此，大风天气里，必须停止一切高空作业。如果作业时不幸遭遇强风袭击，要尽可能抓住（或抱住）牢固的物体，同时尽量使身体侧面对着风刮来的方向，以减少受力面积。

专家还告诫我们，大风天气最好不要到楼顶上去玩耍，特别是没有防护措施的楼顶。若突遇大风时，应迅速降低身体高度，并慢慢向楼梯口方向移动，切记不要惊慌或跑动。

「大风逃生及防御」

骑车要小心

大风袭来,如果你当时正骑车行走在路上,应该怎么办?

请看下面的一个例子。

2013年7月4日上午10时许,南京长江大桥上桥的人行道路上,一名男子骑着自行车匆匆前行。车后面的货架上驮着两箱东西,这是他上午刚买的货物。买好后,他想尽快赶回浦口的家。

桥上风有点大,他蹬得非常吃力,自行车艰难地一点一点前行。然而,令他没有想到的是,蹬着蹬着,风力忽然加大,他连人带车狠狠摔倒在地。车上的两箱货

物倒下来后,正好砸在了他的右膝盖上,导致膝盖骨折……在路人的帮助下,他打电话通知了家里,家人迅速赶到,最后把他送到了医院治疗。

大风天骑电动车也同样危险。2015年8月23日傍晚,北京市中关村东路上的车辆来来往往。在东路辅道上,一名年轻女子骑着电动车向前行驶。她家在北京体育大学附近,眼看天气不太好,她想早点赶回家去。起风了,风越来越大。因为担心会下雨,她加快车速,电动车像一条灵巧的鱼儿,在辅道上快速地行驶。骑着骑着,忽然一阵大风猛刮起来,就像有股巨大的力量一下推过来似的,她来不及有所反应,便和电动车一起重重摔倒在地,头部和肘部磕破,鲜血直流。

同样的事也发生在浙江省瑞安市。2015年8月23日中午,在瑞

安市罗阳大道与毓蒙路的交叉路口,一名姓施的男子骑电动车快速经过时,左侧突然刮来一阵大风,因为他的电动车上装了遮阳伞,在大风狂吹之下,他无法把握住方向,连车带人被吹倒在地,头部重重磕了一下后,血流不止。随后,救护车及时赶到将施某送到了医院治疗。经医生检查,施某脸部受伤,被缝合了二十多针。

大风天,骑自行车和电动车会被吹倒,骑摩托车也同样不安全。

2014年12月1日上午,青岛市一名24岁的男子骑摩托车过路口时,突然一阵大风吹来,他没抓稳车把,摩托车被大风吹得飘移起来,直接被吹到了内侧车道上。这时,只听"嘭"的一声,从后面驶来的一辆轿车刹车不及,当场将摩托车撞出了几米远,骑摩托车的男子摔倒在马路中间,胳膊和腿部受伤。

2015年5月1日下午,吉林省通化市交警支队的一名交警,在骑摩托车执行公务通过一个路口时,突然一阵大风刮过,摩托车一抖,他从车上摔了下来,头部磕到马路牙子上的大理石砖昏了过去。尽管全力抢救,但这名忠于职守的交警还是没能醒过来。据调查,该交警出事的地点是一个风口,当天下午1点至2点,这个路口的瞬时风力达到了6级以上。由于该交警当时的行驶方向是由西往东走,风从摩托车的左后方吹到右前方,突发的大风导致摩托车不稳,人直接从车上被甩了出去。

专家告诉我们,在天气突变、大风即将出现的情况下,不管是骑自行车、电动车还是摩托车,都须十分小心;如果大风已经骤起,为了安全起见,应迅速下车推车前行,或者找个安全的地方暂时躲避。

专家还特别提醒,大风天在城市中骑车,在经过高楼林立的路口时要特别小心,因为这些路口由于狭管效应,风力会比其他地方大许多,再加上大风是横向吹来,车的受力面积大,更容易被吹倒。因此,在经过路口时要放慢骑行速度,一旦形势不对,就要赶紧下车,以免被大风吹倒。

「大风逃生及防御」

行车须谨慎

大风天骑车很危险，那么开车安全吗？

汽车同样不安全！

2016年3月9日，在英国南部的一条公路上，一辆重型卡车不紧不慢地向前行驶。这辆卡车有一个很大的封闭式车厢，不过车厢里空空荡荡，什么货物也没有——司机此行的目的，正是要去南方装运货物。

司机是一个二十多岁的小伙子，跑运输没几个月，由于长途行车，他感觉有些单调，也有些昏昏欲睡，于是顺手打开了车上的音乐。随着节奏强烈的音乐声响起，他一下振作了起来。他一边开车，一边摇头晃脑地跟着哼唱。

车窗外面，天空中乌云堆积，雷声隆隆，一场暴风雨即将到来。"这鬼天气，真是糟透了！"小伙子嘟囔了一句。来之前，他查询过当地的天气，知道近期南方降雨较多，洪水和大风时有出现。

为了在风雨到来之前赶往目的地，他加大油门，卡车发出"轰轰"的声音，在公路上疾速行驶起来，一些小轿车甚至被他甩在了后面。

不一会儿，伴随着豆大的雨粒，风"呜呜"刮了起来。风越刮越大，小伙子明显感觉到车在摇晃，此时他既紧张又害怕，下意识地，他把油门踩得更大，卡车的速度更快了。

这时，一阵更加猛烈的大风刮来，正快速行驶的卡车突然失控，它像喝了酒的醉汉一般，歪歪斜斜地向路边偏去。尽管小伙子用尽了全身力气扳动方向盘，但仍无济于事。很快，卡车的一边被大风掀了起来，勉强往前驶出十多米后，汽车"轰"的一声翻倒在地。

这一切，被后面一辆小轿车上的行车记录仪完整地记录了下来。在看到卡车翻倒之后，路过的司机迅速赶去救助。经过一番努力，他们将卡在车里的小伙子救了出来。

据专家分析，这辆卡车之所以被大风吹翻，主要有三个原因：第一，当时的风速很大，据小轿车上的记录仪显示，当时的风速达到了128千米/时（即35.56米/秒），

这已达到了12级大风的标准——这么大的风，完全可以吹翻汽车；第二，卡车的车体过大，特别是它的车厢又高又大，而且是密封式的，导致其受风面积远远超过了其他车辆，因此容易被吹翻；第三，当时的卡车速度过快，再加上司机心情紧张，因而未能及时控制住汽车。可以说，正是这三个原因导致了卡车的翻倒。幸运的是，卡车司机的伤势并无大碍，被送到医院后很快得到了救治。

近年来，汽车被大风吹翻的事例可谓层出不穷，不但大货车遭殃，就是小轿车有时也不能幸免。2015年8月9日中午，江西省南昌市的付先生驾驶小轿车，载着一家四口准备到铜鼓县悼念过世的亲人。当车行至奉新县上富镇境内时，天上下起了大雨，并横向刮起了大风。因为忙于赶路，付先生一直把车开得较快。当轿车通过一座跨线桥时，突然，他感觉风力一下加大了许多，来不及有所反应，轿车已经被大风吹得失去了控制。刹那间，轿车冲出车道，翻倒在道路右侧的绿化带上，所幸车上四个人都没有受伤。

以上两个事例中，汽车被吹翻固然有大风这一客观因素，但车速过快也是主要的原因。专家指出，当我们在公路上行车遇到强风时，车速越快越容易失控，因此，当遇到大风、大雨等恶劣天气时，一定

要降低行驶速度。特别是通过跨线桥、隧道等平行屏障时，会有较强的横向风力差，极易导致车辆方向偏离，此时应抓紧方向盘，降低行车速度，确保安全通过。

专家还提醒：在城市中，街上车多人多，因此大风天出行一定要注意行车安全，车速一定要慢，不要随意超车并线，以保障自己和他人的人身安全。

打开列车车窗

大风不但能吹翻汽车，就连数百吨重的庞然大物——列车，也能吹翻。

下面，咱们以2007年2月发生在中国新疆的列车侧翻事故为例，去了解大风中如何逃生和自救。

2007年2月27日晚上10时10分，从新疆乌鲁木齐开往阿克苏的5807次旅客列车缓缓离开车站，之后速度越来越快，很快便一头扎进了茫茫夜色之中。

列车上的工作人员和乘客们谁都不会想到，这一去，他们会遭遇一场可怕的噩梦。

28日凌晨2时左右，列车经过4个小时的行驶，来到了一个令人不寒而栗的地方——闻名全国的百里风区。这里介于珍珠泉和红山渠两个车站中间，当地的气候条件异常恶劣，其中最可怕的是大风天气。据统计，这里一年中刮风天气约占三分之二，其中最大风力可超过12级，持续时间长达10余天。2001年4月13日，当地便刮起了一场12级以上的大风，风速达到51~56米/秒，连测风仪都因达到极限而失效。这场大风一连刮了3天,导致停留在珍珠泉车站内的11节列车车厢被刮下路基。

2007年2月28日凌晨,当列车到达这里时,可怕的情景再次出现了。大风骤起,刮得天昏地暗;狂风卷起地面上的沙尘,裹挟着乒乓球般大小的石子,"噼里啪啦"猛打在车身上;在大风狂吹下,长长的列车犹如行驶在大海中的小舟摇摇晃晃,仿佛随时都会翻倒。

在中间的一列车厢内,有一名叫王宇明的乘客。听着外面山呼海啸般的风声,他心里"咚咚"直打鼓。当时车厢已经像地震般颤抖起来,桌上的杯子、书等纷纷掉落在地上,人在地板上几乎站立不稳。有人大声呼叫,有小孩吓得哭了起来。

"没事的,只要把这段路开过去就好了……"王宇明安慰身边的一个小孩。不过,他的心里也充满了恐惧。

话没说完,只听"哗啦"一声脆响,玻璃碴溅了一地,狂暴的大风一下涌了进来——原来,一块鸡蛋大的鹅卵石如子弹般击中了车厢中部的窗玻璃。紧接着,相邻的车窗玻璃也被石头击碎,两块、三块、四块……车厢里顿时充满了刺鼻的土腥味。

车厢里乱成一团。"快把车窗堵住!"不知谁喊了一声,王宇明和乘客们清醒过来,大家慌忙拿起棉被、大衣去堵车窗。

在王宇明他们拼命堵车窗的时候,其他车厢也同样陷入了惊慌和混乱之中,车上所有的男士都起来用棉被堵车窗。然而大风太强劲了,把人吹得趔趔趄趄,根本无法堵上。没有了窗玻璃阻挡,整个列车都灌满了风,车体就像一张拉开的弓,慢慢朝左边倾斜。随着车体剧烈摇晃,车厢内的饭盒、茶杯在空中乱飞,行李架上的行李散落了一地。乘客们虽然紧抓栏杆,但双脚仍然无法站稳,他们有的在地上打滚,有的被甩到了铺位中间,哭喊声和大风的咆哮声震天动地。

突然,更可怕的事情出现了:车体脱轨,车厢倾翻在地,厢体左壁成了车底在沙石路基上滑行,车体和石块摩擦,溅起串串火星……

据乌鲁木齐铁路局提供的资料，这场大风共导致11节车厢出轨倾翻，造成3名旅客死亡，2名旅客受重伤，32名旅客受轻伤，南疆铁路被迫中断行车。

据测风仪记录，列车脱轨地点的瞬时风力达到了13级，其风速在37.0～41.4米/秒，破坏性极大。

专家指出，列车在高速行驶的过程中，一方面受到来自正前方的空气阻力，另一方面会受到来自侧面的大风影响，当侧面的大风推力大于列车可承受的范围时，就可能会发生侧翻。在这次事故中，车厢前行方向右侧的车窗玻璃被风吹起的石头打烂时，惊慌失措的乘客马上拿起被子去堵车窗，这种做法是不可取的，因为这时的车窗根本不可能堵上，当务之急，是应该赶紧打开另一侧的车窗玻璃，使大风从中穿过，保持列车车厢平衡，才有可能避免翻车的危险。

是的，打开列车车窗！当某一天我们遇到类似的大风灾难时，千万别忘了这一逃生要诀。

发出求救信号

漆黑的夜里，大风猛刮，列车翻倒，如何才能逃生自救呢？

咱们还是以2007年的新疆列车侧翻事故为例来说明吧。

在这次的大风灾难中，有一个叫杨传义的人也在场。杨传义是一名科技工作者，他当时在阿克苏市工作。2月中旬杨传义到乌鲁木齐出差，办完事情后，2月27日晚，他和其他旅客一起，登上了由乌鲁木齐开往阿克苏的5807次列车。

28日凌晨，列车在百里风区遭遇大风，当车窗玻璃被大风刮起的石子击碎时，他立即和车上的其他男士一起，抓起棉被和大衣去堵车窗。就在这时，他突然感觉车厢出现了晃动，脚下跌跌撞撞，站立不稳，他赶紧伸手抓住了铺位前的一根栏杆。车厢晃动得越来越剧烈，"糟了，列车可能会翻。"这个念头刚刚进入脑海，他便感到天旋地转，身子被一股巨大的力量拖起，然后被重重地甩到了另一个铺位的中间。

黑暗中，杨传义的脑袋被天花板重重地撞了一下，一股钻心的疼痛顿时袭来。他挣扎着爬起来，发现车厢向左侧翻了。

大人叫，小孩哭，车厢里的哭喊声此起彼伏。杨传义伸手摸了摸衣袋，发现手机还在里面。他颤抖着地掏出手机，发现有信号，于是迫不及待地拨打了报警电话。

"我们坐的列车翻了！是从乌鲁木齐发往阿克苏的5807次……"周围的嘈杂令他几乎听不清对方的声音，他只能大声喊叫。当对方询问他事故发生的具体位置时，他却无奈地摇了摇头——他只知道这里是百里风区，却说不出具体的地名来。

"我们的列车是昨晚22时出发的，到现在开了4个多小时，你们可以算算它现在到哪里了……"他看了看时间，大声向对方报告。

电话挂断后，等待救援的这段时间却无比漫长。车厢外面，寒风凛冽，石头仍旧噼里啪啦地敲打着车体，听上去令人不寒而栗。此时车厢里的温度越来越低，杨传义和周围的旅客各自蹲在自己所处的空间内，因为担心车厢再次发生侧翻，大家一动也不敢动。

"保持镇定，不要抽烟，不要乱动！"车厢里，大家互相传递着这句话。渐渐地，女人们的喊声停止了，孩子们的哭声也低了下去，大家默默地等待着救援人员的到来。为了保持体温，杨传义让大家尽量把身体蜷缩起来。

等到快凌晨6点，车厢内的温度更低了，望着黑乎乎的外面和脚底不时闪现的亮光，杨传义觉得再也不能等待下去了。借助手机屏幕发出的亮光，他慢慢摸到了车厢与车厢之间的接头处，就在这时，他听到外面有人在大声呼喊："有人吗？里面有人吗？"

"有，我们都在里面！"杨传义内心激动不已，赶紧大声回答。

列车侧翻近4个小时后，杨传义他们终于盼来了救援人员。先赶到的武警官兵把铺位之间悬空的车窗敲开一个大洞后，将他们一个一个地救了出来。

杨传义他们获救的事例告诉我们，当大风吹翻列车，人员被困在翻倒的车厢内时，一定要充分利用手机等通信工具，迅速向外发出求救信号；在等待救援期间要注意保暖，防止被大风带来的寒冷冻僵；同时，要保持镇定，不要惊慌，更不要急着寻找出口逃生，因为相比外面的大风和砂石来说，待在翻倒的车厢里比较安全。

千万记着：当列车翻倒时，所有人都应保持镇静，因为惊慌和乱动可能会造成车厢再次倾翻。

划船遇风要镇静

你划过船吗？当你在湖上划船时突遇大风怎么办？

先来看一个发生在浙江上林湖的悲剧。

上林湖是一个美丽的湖泊，它位于浙江省慈溪市桥头镇。整个湖泊位于群山怀抱之中，湖四周山势峻峭、林木丰盛，风光旖旎。

2015年8月5日晚上9时许，虽然已经是晚上，但上林湖边依然挤满了玩水的人。因为天气炎热，很多人在湖边乘凉，更有一些人在湖中划船嬉戏，这其中便包括两男两女四个年轻人。

这四个年轻人中，两个男青年中的一个是江西人，另一个是湖南人；两个女孩分别来自湖北和四川。这四人是在网上刚认识不久的朋友，因为听说上林湖景色很美，于是相约到这里划船。

他们划的船很小，有点类似于小皮划艇——甚至连艇都算不上，看上去就像游泳池里经常能见到的那种气垫床，很窄，而且两边没有防护栏。

四人从傍晚上船，一直划到晚上9点多。

"有点晚了，咱们回去吧！"来自四川的女孩提议。

"天气这么热，不如再划一会儿。"两个男青年不赞成，而湖北女孩也想再多玩会儿，于是他们的小船继续在湖面上游荡。

又划了大约十多分钟，正当他们想划回去时，湖面上突然刮起了一阵大风。大风吹得很猛烈，不但在湖中掀起了波浪，而且把湖边的小树枝也吹断了不少。

大风把小船吹得猛烈摇晃起来。"哎呀，船要翻了！"两个女孩大惊失色，她俩都不会游泳，看着波涛翻滚的湖面，内心十分慌乱。

两个男青年也惊慌起来，他们虽然会游泳，可两个女孩咋办？而且此时湖面上风起浪涌，一旦翻船，他们可能也自身难保……四个年轻人急得团团转，而小船摇晃得也更加厉害了。突然，船体向左边猛地一侧，整个船翻了，四个年轻人全部掉进了湖中。

"救命啊，快来救命啊！"两个男青年一边划水，一边拼命喊叫。湖边的市民看到有人落水，立即拨打了报警电话。

很快，救援人员赶到现场，有关部门派遣搜救艇在湖面搜救。不一会儿，两名落水男青年被救到了岸边，但两个女孩却始终没有找到……

近年来，划船时遭遇大风天气的事例屡见不鲜。那么，遭遇大风时应该怎么办呢？下面我们再讲一个事例。

2013年7月2日，河南省安阳市一名姓郭的小学生和父母一起，到该市下辖的安阳县一水库游玩。一家人到那里后，租了一艘小游船，由郭父驾驶在湖面上游逛。这天的天气晴好，天空几乎没有云彩，但到了下午1点多，湖面上突然刮起了大风，游船被刮得东摇西晃。小郭当场吓得大哭起来，而郭母也惊慌失措，所幸郭父还算冷静，他一边努力控制游船，一边掏出手机报警求助。接到报警后，安阳县公安局善应派出所迅速出警，民警驾驶快艇在水面上寻找了5分钟后，终于将吓得瑟瑟发抖的小郭一家救出。

这个事例中，郭父的处置还算得当，因此一家人得以平安脱险。专家告诉我们，到水库等比较开阔的湖面上游玩时，应尽量驾驶游船在靠近岸边的位置游玩，少在湖中央一带停留；如果遇到大风等突发情况，首先要保持镇定，不要惊慌乱动，以免加剧摇晃而造成船只迅速倾翻；为减少风的受力面，船上的人应尽量将上半身前倾或趴下。

当然了，最关键的还是求救，你可以迅速报警，或者大声向岸边呼救。

飑线袭来防飞物

前面我们讲过，"飑线"是一种来去匆匆、十分剧烈的天气现象。飑线过境时，雷电交加，雨雹齐袭，狂风大作，其风速一般为十几米每秒，强时可超过40米/秒，可给人类造成严重灾害。

那么，飑线袭来时，我们该注意些什么呢？

2009年8月27日下午，一场飑线袭击了辽宁省沈阳市，多地出现雷雨大风天气。虽然气象部门及时发布了预警信号，提醒市民和有关部门注意雷雨、大风，但在短短的一个多小时内，仍有3人遇难，

10余人被砸伤。

让我们一起来看看当时的情景。这天下午，沈阳新民市某村村民刘某骑着摩托车，载着妻子到街上买东西。夫妻俩骑到一个路口时，天气突然发生变化，转眼间狂风大作，豆大的雨滴"噼里啪啦"打了下来。为了躲避风雨，刘某赶紧把摩托车往路边的大树下开去。就在这时，只听"咔嚓"一声巨响，一个炸雷打在了身边的枯树上，同时一股更加强劲的旋风卷来，枯树当即从中部断裂。重达数百千克、高十多米的枯树倒下来后，不偏不倚，正好砸中了刘某夫妻，两人当场倒地，很快便停止了呼吸。

几乎与此同时，在沈阳北站附近的一处工地外面，一名二十多岁的小伙子也因大风而身亡。下午4点左右，这个小伙子途经这里时，大风猛刮，一块约6平方米的广告牌从天而降，它先是砸向路边的电线杆，随后又重重地砸向小伙子。来不及躲避，这个上班仅一个多月的年轻人便倒地身亡了。

除了造成3人死亡，这场大风还刮倒不少大树、广告牌等，并砸伤了十多位来不及躲避的市民。肆虐了一个多小时后，风雨停止了，沈阳的天气重新好转，不过，这时地面上到处都是断枝败叶，一片狼藉。

近年来，飑线可谓作恶多端，罪行累累。2009 年 6 月 3 日傍晚，一场罕见的强飑线袭击山西、河南、山东、安徽、江苏等地，造成二十多人死亡，农业经济损失高达十几亿元，其中河南省永城市的最大风力达到 11 级，受灾最为严重；2009 年 6 月 14 日，飑线突袭安徽省宿州市，瞬间出现的雷雨大风造成 7 人死亡，118 人受伤，死伤者多为树木房屋倒塌压砸所致；2013 年 7 月 30 日晚，江苏省兴化市遭受飑线袭击，大风吹倒数百棵大树，损坏多条输电线路，几个乡镇的电力设施受损严重，导致几万户居民停电，所幸没有人员伤亡。

专家指出，飑线初期的平均风力有 6 级左右（阵风可达 8 级），可以吹断细树枝；随着飑线发展到全盛时期，平均风力在 10 级以上（阵风超过 12 级），可以拔起大树、吹倒房屋，甚至造成人员伤亡。由于飑线"来去匆匆"，形成和消失都是在短时间内发生，一般情况下很难预测、预报，因此，当飑线来袭时，应尽量减少外出，若在外出路上不幸遭遇飑线袭击，千万不要在广告牌、临时搭建的建筑物下面逗留或避风。

专家还特别提醒：外出时一定要谨防"天外飞物"——被风刮断的树枝、电线杆，以及被吹落的广告牌、屋瓦、花盆等，避免被它们砸中造成人员伤亡。

当心下击暴流

下击暴流是一种多出现在夏季的灾害性天气系统，尽管它活动的范围较小，但风速最高可达 75 米/秒，能造成严重灾害。

对在江河中行驶的船舶来说，下击暴流是一个可怕的噩梦。1983 年 3 月 1 日，广东省三水县（现三水区），一艘名为"红星 312 号"的客轮在行驶到该县河口区时，突然遭到雷暴大风袭击。在猛烈的大风吹刮下，客轮在河面上不停打转，船上的乘客惊慌失措，不一会儿，整只船竟然倾翻在河中，造成了 200 多人死亡的特大灾难。据专家分析，引发这场灾难的雷暴大风，是一种叫下击暴流的天气系统。近年来，下击暴流屡屡制造灾难。2015 年 6 月 1 日 21 时 30 分，"东方之星"号客轮从南京驶往重庆，当航行到长江中游的湖北省监利县水域时，突然遭遇强对流天气袭击，客轮倾翻沉没，造成 400 多人遇难。当时有人怀疑是龙卷风作祟，不过，调查组在经过多方调查之后，认定这是一起由飑线和下击暴流共同造成的灾祸。

专家指出，下击暴流具有突发性强、风力极大等特点，其危害与陆龙卷相似，破坏力极强。因此，夏季在水上航行时一定要当心下击暴流，一旦发现情况不妙，轮船就要迅速靠岸，而船上乘客此时也不要站在甲板上，以免因轮船颠簸掉入水中或被大风卷入水中。

下击暴流不但是江河中行驶的客轮的噩梦，它还是空中飞行的大敌。1975 年 6 月 24 日下午，美国纽约肯尼迪机场，一架波音 727—225 客机在地面指挥塔的指挥下，准备开始降落。这架客机隶属于美国东方航空公司，当时机上有近 150 名乘客，经过长途飞行后，大家终于到达了目的地，每个人都抑制不住内心的喜悦。飞机一点一点地下降，从舷窗望出去，地面上的景物越来越清晰。突然，飞机猛地抖了一下，紧接着，外面雷鸣电闪，风雨大作，整个机身剧烈颠簸起来。机上的乘客还没明白是怎么回事，飞机便失去了控制，像一只折断了翅膀的大鸟坠落下来，造成 113 人当场死亡，另有 11 人受伤。经气象专家分析，导致这起灾难的正是下击暴流。

2013 年 6 月 7 日，从江苏淮安飞往上海虹桥机场的 MU2947 次航班上，乘客们也经历了惊魂一刻。当天，由于上海的天气原因，这架航班延误了差不多一个小时才起飞。下午5点28分，飞机终于到达了上海虹桥机场，降落的时候，机场上突然刮起了大风。令人不安的是，大家发现飞机降落速度明显比以往要快。"飞机可能出问题了！"有人警觉起来。话音未落，飞机突然侧倒在地，在快速的滑动中，机身与地面摩擦，发出耀眼的可怕火花。乘客们的心顿时全都揪了起来。在一片惊叫声中，飞机冲出跑道，又往前滑行了一会儿，最后才在跑道外的草地中央停了下来……这次由下击暴流制造的飞行事故虽然没有造成人员伤亡，但整个过程惊心动魄，所有乘客都被吓出了一身冷汗。

当我们乘坐的飞机在空中遭遇下击暴流时，应该怎么办呢？专家告诉我们，当飞机在空中遭遇下击暴流不得不迫降时，最为重要的是保持头脑冷静，坚决服从机组人员的命令，飞机着陆前要做到以下几点：

1. 严格按照规定竖直座椅靠背，尽可能束紧安全带，屈身向前，脸趴在枕头或毛毯上，双臂抱住大腿。

2. 脱下鞋袜，摘下眼镜和假牙，身上不能带有任何尖利、坚硬的东西。

3. 千万不要在走出机舱前吹起救生衣，以免在出舱门时出现困难。

4. 在机组人员的指挥下，尽可能坐在前舱，因为机尾跌毁的可能性较大。

5. 戴上防烟头罩，或者用衣物掩住自己的口鼻以防吸入烟雾，因为烟雾含有有毒气体，过多吸入将导致中毒甚至死亡。

6. 当飞机坠落后，伤者一定要想办法进行自救和互救，如进行简单的包扎止血等，并在力所能及的情况下发出求救信号，千万不要放任自流。

抓住吊筐不松手

上面咱们讲了飞机遭遇大风时的自救措施,现在来说说当你在空中乘坐热气球飞行遇到大风时,应该怎么办。

为了能从空中直观地欣赏美景,近年来,许多旅游景区都开设了热气球游览项目,而游客们也十分向往"飞"一般的感觉:在冉冉升起的吊筐里,一边操纵热气球的飞行方向,一边欣赏下面如梦似幻的美景,那种感觉真是棒极了。

不过,热气球一旦遭遇大风天气,就有可能酿成球毁人亡的悲剧。

先来看一起热气球事故。2009年10月中旬,一群荷兰游客来到了中国阳朔县旅游。阳朔位于广西壮族自治区东北部,属桂林市管辖,这里风光秀美,素有"桂林山水甲天下,阳朔山水甲桂林"之美称。在阳朔的旅游项目中,乘坐热气球是热门项目。对于这些爱冒险的外国人来说,他们当然不会放过这难得的机会。10月14日上午6时30分,14名荷兰游客分乘三个热气球,慢悠悠地往荔浦方向飞去。

「大风逃生及防御」

从阳朔起飞后不久,三个热气球便各奔东西,渐渐失散了。大约50分钟后,一个热气球在飞到荔浦县马岭镇山面屯上空时,突然遭遇了恶劣天气,当时大风狂吹,热气球被吹得歪歪倒倒,吊筐里的5名外国人尽管胆大,此时也被吓出了一身冷汗。

"咱们只有赶紧降落了。"两名飞行操作员一看情形不对,当即决定下降着陆。

在飞行操作员的控制下,热气球开始缓缓下降,当它降到距离地面只有两米左右时,突然一阵更猛烈的大风吹来,热气球一下被树枝挂住,球体很快发生了倾斜。在众人的惊呼声中,吊筐在地面上平移了数米,最后一头撞上了一个土包。只听"轰"的一声,吊筐内的燃料泄漏出来,引发了大火,一名外国人和两名操作员当即被抛出筐外(三人均受轻伤)。由于吊筐的重量几乎减少了一半,并且此时热气球无人操控,所以它再次急剧上升,大约升到二十多米的高空时,在大风的吹刮下,筐中的4名外国人先后被抛出筐外,坠地而亡。

这起热气球事故在当时引起了很大轰动。时隔几年后,2014年12月17日,土耳其热门景区卡帕多奇亚再次发生一起热气球坠落事故,造成1死11伤,其中5名中国游客1死4伤。

这位不幸的遇难者名叫唐溢,是一位来自重庆的23岁女孩。据她的一位姓张的同伴讲,12月17日上午6时50分,她和唐溢及一群亚裔游客一起登上了热气球。当时天空晴朗,无数色彩艳丽的热气球迎着朝霞腾空而起。热气球飞行了1个小时后准备降落,这时一阵强风刮来,他们的第一次降落没有成功。大概过了3分钟,操作员让大家做好第二次降落准备。这时大风依然没有停息,在操作员下达降落指令后,大家感觉到吊筐在剧烈振动,很快,吊筐便发生了九十度翻转,里面的人们顿时惊慌一片。由于热气球上没有安全带,每个人降落时只能抓一个扶手,张姓同伴用尽全身力气紧紧抓住扶手,而唐溢则不幸被甩了出去……警方后来的勘查结果显示,吊筐被大风在水平地上拖行了约 150 米，而游客们则被上下弹了近 10 次，造成 11 人不同程度受伤，被甩出筐外的唐溢更是不幸死亡。

这两起热气球事故告诉我们，在旅游景区乘坐热气球欣赏风光，必须在天空晴朗、风力微小的天气条件下进行，切不可在恶劣天气下冒险飞行；若不幸在飞行途中遭遇大风袭击，应保持镇定，迅速将身体重心放低，匍匐或蜷缩在吊筐内，同时要紧紧抓住吊筐上的扶手。

焚风刮来防火灾

焚风是山区特有的天气现象，它不会经常发生，但偶尔发生一次，就足以引起人们的恐慌。

那么，焚风刮来时，我们应该注意些什么呢？

2009 年 2 月 12 日下午 4 点，焚风袭击四川省南部的筠连县时，全县大风狂吹，局地瞬时最大风速达到了 27 米/秒，而气温也一下从 26℃ 蹿升到了 36℃。热浪一阵接一阵地扑来，在炙热的大风吹刮下，全县森林火险和火情不断出现。

焚风袭来之前，筠连县城一个姓李的村民正在田间侍弄庄稼，他把田地周边的荆棘和茅草清理出来，放在一处较为开阔的地方焚烧起来。正烧着，干热的风刮了起来。李姓村民开始并没在意，但风越刮越大，气温也越来越高。"这天气好像有些不对劲。"他自言自语地说了一句，正想过去把火扑灭时，突然一阵狂风吹来，火堆被刮得七零八落，其中一些火星被裹挟到旁边的树林里，很快，树林里燃起了熊熊大火。"快来救火呀！"李姓村民赶紧冲过去，一边扑打一边高声求助。在随后赶来的村民的帮助下，这场大火很快被扑灭了。

不过，另一个村民就没有这么幸运了。这天下午，他同样在田边烧荒时，焚风刮走火星，引燃了附近的树林，由于周围没人帮忙灭火，大火持续燃烧了半个多小时，导致他家承包的十多亩山林被毁于一旦。

据统计，这天下午焚风袭来时，包括筠连县在内的川南地区一共发生火警二十多次，小规模的森林火灾有七八次之多。

专家告诉我们，焚风带来的危害很大，当它刮起来时，常常会使果木和农作物干枯，导致产量下降；在高山地区，焚风可使大量积雪融化，造成上游河谷洪水泛滥，甚至能引起雪崩；如果地形适宜，强劲的焚风还会造成局部风灾，刮走山间的农舍屋顶，吹倒庄稼，拔起树木等。不过，焚风的最大危害还是引起火灾。如在焚风常发的阿尔卑斯山，其北坡在19世纪曾经发生过几场著名的大火灾，烧毁了大片森林，并使一些村镇受到严重损失。因此专家告诫我们：焚风刮起来时，一定要谨防火灾，一般情况下不要在野外用火，即使用火也要十分小心。

焚风天气还要防止中暑。如2004年5月11日中午12时57分，台湾的台东市突然刮起强烈焚风，室内外温度如烤箱般急速上升。至下午1点14分，气温飙升到40.2℃，这一高温创下了台东百年纪录。农民们叫苦连天，因为最怕热的茶树在劲吹的焚风中慢慢枯萎。而城里的居民也苦不堪言，为了避暑，有人打开冷气，躲在屋里不敢出门，有人则带着小孩跑到郊外清澈的溪流里去游泳。不过，专家提醒，到溪流里消暑时要特别注意，因为焚风会造成积雪融化，这可能使上游河谷洪水泛滥，因此河水稍有上涨，就要赶紧上岸。

此外，焚风天气出现时，许多人还会有疲倦、抑郁、头痛、脾气暴躁、心悸和浮肿等不适症状，医学专家认为，这是由于焚风的干热特性以及大气电离特性变化对人体产生影响引起的。专家建议，焚风到来时，可以适当喝点绿豆汤、菊花茶等清热解暑的饮料，同时要平心静气，焚风持续的时间一般不会太长，只要干热风一过去，天气很快就会恢复正常，人体的不适感也会很快消除。

沙暴来临早防御

　　沙尘暴是一种可怕的灾害性天气，当它袭来时我们该如何防御呢？
　　下面，咱们以20世纪90年代发生在中国宁夏的一场特大沙尘暴为例来说明。
　　1993年5月5日，这一天是中国农历的节气：立夏。在宁夏回族自治区银川市，与大风连绵的春季相比，这年立夏让人更多地领略到了大自然的妩媚与温柔：沐浴在阳光中的孩子，如初绽的鲜花……天清气爽，万象生辉。人们似乎没有理由不被陶醉！
　　然而宁夏气象部门却没有被这好天气的假象迷惑，经过紧张的研究讨论，这天下午4点多，气象台发布了一则天气预报：5日傍晚至夜间，本地有大风、降温天气，局地将出现沙尘暴。
　　真的会出现沙尘暴吗？接到天气预报后，当地的一家企业——青铜峡水泥厂毫不怀疑，开始有条不紊地着手风暴前的防御工作。总调度长亲自带领车间职工检查线路，安置好机械、设备，覆盖好露天场地的上千吨水泥，并亲眼看着生产车间的最后一扇窗户紧紧关闭才离开。青铜峡市小坝镇小坝村5组的农民则结伴买来了绳子、铁丝，将40个塑料蔬菜大棚网得密实而坚固……然而，"乐天派"却优哉游哉！整整一天，某建材厂的李厂长都在享受绚丽的阳光。自去年10月投产以来，他们厂的机砖销路一直看好，看着堆放整齐的砖坯，李厂长笑得如阳光一样灿烂。他似乎彻底否决了气象部门预报的"大风、降温"之说。

「大风逃生及防御」

5日19点26分,狂风卷着沙尘如决堤的洪水,直逼中卫县(现中卫市沙坡头区)。一小时之后,宁夏境内被沙尘暴笼罩。这场风力为8～12级的风暴,强度之大,来势之猛,为多年来所罕见。其中中卫县的瞬时风速达38米/秒,突破了本地的历史记录……

大风所到之处,许多危房和建筑设施倒塌,树木被折断或被连根拔起,部分工厂和居民区停电停水。这一晚上,受灾最重的中卫县有1787只羊被大风卷入渠中淹死,有11595亩(1亩≈666.7平方米)农作物遭灾,成百亩的塑料大棚被风吹毁。沙尘暴还造成24人死亡,6人失踪,38人受伤,直接经济损失达1200多万元。

在这场特大沙尘暴灾害中,采取了防御措施的青铜峡水泥厂毫发未损,提前加固了蔬菜大棚的菜农们也基本没有什么损失。而未做任何防御准备的李厂长则付出了惨重代价。大风卷走了他厂里的许多围帘,吹倒了厂里的5架砖坯,沙尘暴使他建厂后纯收入的12.5%付诸东流。

这场沙尘暴还吞噬了24条鲜活的生命:马某夫妇被暴风卷入水渠中死亡,留下了4个尚未成年的孩子和83岁的老母亲;吴家三兄弟的4个孩子全部被刮入水渠中淹死……24名遇难者中,绝大多数是6至12岁因溺水而死的儿童。

这场特大沙尘暴悲剧告诉我们,沙尘暴来临前,一定要重视气象部门发布的预报预警消息(关于沙尘暴预警,我们会在后面专门介绍),提前做好防御准备。专家指出,沙尘暴的主要特点是风速大、能见度低、空气质量差，因此可根据以下措施做好防灾避险工作：

1. 及时关闭门窗，必要时可用胶条对门窗进行密封，同时尽可能不外出或减少外出。

2. 沙尘暴发生时应离河流、湖泊、水池远一些，以免被吹落水中溺水。

3. 外出时应戴口罩，用纱巾蒙住头，以免沙尘侵害眼睛和呼吸道而造成损伤，并应特别注意交通安全。若能见度很差、视线不好时，应立即停止行走，不要贸然过马路，可在商场、饭店暂避，或在低洼地带稍候，但要注意离广告牌、树木远些。

4. 机动车和非机动车应减速慢行，密切注意路况，谨慎驾驶。

躲进地下室

最后，咱们来说说遭遇龙卷风时如何逃生自救。

龙卷风是一种十分猛烈的天气现象，它中心的旋风能轻易拔起大树，卷起房屋。如果你待在房屋里，龙卷风突然袭来怎么办？

2011年4月下旬，一场超级龙卷风袭击美国十几个州，其中27日8时至28日8时，在短短一天之内，便有312个龙卷风"诞生"，其数量创下了美国龙卷风纪录。龙卷风所过之处，大树被连根拔起，房屋遭到严重毁坏，一共有340人被龙卷风夺去了宝贵的生命。

在这场灾难中，一对处于龙卷风中心的母女幸免于难，她们的经历可以用"死里逃生"来形容。

这对母女住在美国俄克拉荷马城南部地区。母亲卡莱斯在一家超市工作，每天早出晚归辛苦赚钱养家，女儿珍妮十一岁，在当地的一所小学上学。4月27日傍晚，卡莱斯下班回到家后开始准备晚饭，这时珍妮也放学回来了。

"珍妮，吃了饭后赶紧把作业做了。"卡莱斯对女儿说，"天气预报说这一带会有龙卷风发生，我担心今晚可能会停电。"

"龙卷风真的会来吗？"珍妮一边吃饭，一边问道。

"这个我可说不清楚，不过，你早点把作业做了也是好事。"卡莱斯摇了摇头。

天色渐渐晚了，这时天上的云越来越多，远处传来了隆隆的雷声。卡莱斯到门外看了看，心里不禁担忧起来："她和女儿是不久前才搬到这里来的，现在租住的房子没有地下室，万一龙卷风真的来了，那可怎么办？"

在美国，因为每年龙卷风频繁发生，所以这里被人们称为龙卷风之乡。在易遭龙卷风袭击的地区，许多人家在修房造屋时都建有地下室。龙卷风来临时，一家人都会躲到地下室里去。

卡莱斯在门外观察了一会儿后，悄悄地回到了屋里。珍妮正在灯下一丝不苟地做作业，看着女儿认真学习的模样，卡莱斯感到十分欣慰。也许龙卷风不会来了，她在心里自我安慰。

夜渐渐深了，珍妮做完作业睡觉去了。卡莱斯也准备上床就寝。这时，她听到外面传来"隆隆隆隆"的声音，仿佛有几百辆坦克同时开动，同时，闪电不时把外面照得雪亮。

"不好，龙卷风真的来了！"卡莱斯吓得一激灵，她赶紧跑到卧室里，抱起睡梦中的珍妮就跑。

"妈妈，怎么啦？"珍妮从睡梦中惊醒过来，迷迷糊糊地问。

卡莱斯没有说话，她抱起女儿跑出家门，借着闪电的亮光，只见不远处一个可怕的长鼻怪物正呼啸而来。

狂风呼啸，惊天动地，逃跑已经来不及了。卡莱斯来不及多想，一头向旁边的邻居家跑去。

邻居家里空空荡荡，里面没有一个人。卡莱斯知道，这家人肯定全都躲进了地下室。可是急切之间，她和珍妮无法找到地下室的入口。

龙卷风已经逼近了，如果半分钟内还找不到躲藏的地方，她们母女俩会连同这座房屋一起，被龙卷风吹得无影无踪。

卡莱斯头脑一片空白，珍妮则吓得"哇哇"大哭。就在这危急的时刻，旁边地面上掀起了一个盖板，黑暗中一双大手把她们母女俩拉了进去。

原来，这个盖板下正是主人家的地下室。主人一家在龙卷风临近时躲进了里面，后来听到外面有哭声，于是掀起盖板把她们母女俩拉了进去。

当天晚上，龙卷风把这一带的房屋全都夷为平地，一些来不及躲避的人轻则受伤，重则死亡，而卡莱斯母女因为躲进邻居家的地下室侥幸逃过了一劫。

这个事例告诉我们，龙卷风来临时，应该赶紧躲进地下室。专家指出，如果你当时正在有地下室的房屋内，应避开所有窗户，立刻进入地下室，躲在坚实的桌子或工作台下；如果所处的房屋没有地下室，应立即进入一间小的、位于中间的房子（如厕所、壁橱或最底层的内部过道）内，用手护住头部，尽可能蹲伏于地板上，同时用床垫或毯子盖在身上，以防掉落的碎物砸伤身体。

专家还提醒我们，龙卷风袭来时，如果你正在超市或商场、电影院内，要尽快进入厕所、储藏室或其他封闭的地方，用手护住头部，蹲伏在地上；如果你在办公楼、医院或摩天大楼上，要立即进入楼房中心封闭的、无窗户的区域。

千万记住：龙卷风来临时，不管在任何地方，都一定要避开窗户！

「大风逃生及防御」

趴在地面上

上面咱们说的是在屋内遭遇龙卷风时的逃生措施,那如果在野外又该怎么办呢?

迈克·霍林西德是美国著名的"暴风追逐者",在他多年的"追风"生涯中,有很多次和龙卷风"擦身而过",甚至有几次差点被龙卷风夺去了生命。

2012年5月初的一天,霍林西德从天气预报中得知,未来24小时内,美国伊利诺伊州一带将会有一场龙卷风产生,于是他约上好友尼古耶,两人兴冲冲地驾驶越野汽车往伊利诺伊州赶去。

一路急行,十多个小时后,他们终于抵达了伊利诺伊州。

伊利诺伊州位于美国中西部,别名为"内陆帝国"或"草原之州",这里地势平坦,平均海拔仅182米,该州的北部和中部,黑土非常肥沃,自古以来便是世界上最佳耕地之一。5月的原野上,玉米和大豆正茁壮成长,放眼望去,到处郁郁葱葱,绿得发亮。不过,这天的天气看上去令人有些发怵:东南面的天空中布满了乳房云,在夕阳余晖的映照下,那一个个悬球状的云团似乎随时都会砸到头顶上来。

"这种云团正是龙卷风到来的前兆,咱们就在这里等着它吧。"尼古耶兴奋地说。

"嗯,它正慢慢朝这里移来——如果以目前的移动速度,可能会在三十分钟后到达。"霍林西德目测了一下距离说,"龙卷风应该快要形成了,咱们不如赶过去迎接它的诞生。"

"好,那赶紧过去吧。"尼古耶同意了。

汽车朝东南方向驶去，路上没有遇上一辆汽车，也没有看到一个人。很显然，这里的人们已经接收到了天气预报，在田里干活的农民都回家了，在外奔波的人也全都驾车逃离了这一区域。

　　乳房云的云底越来越低，范围也越来越大。不一会儿，云层便直立了起来，看上去像一堵顶天立地的云墙。起风了，云墙开始旋转，雷声响了起来，一道道闪电像利剑般劈开云层，把大地照得一片雪亮。

　　"瞧，龙卷风已经快要诞生了，它正朝我们前进的方向过来。"尼古耶指着云墙下端的漏斗状云，开车的手在微微颤抖。

　　霍林西德也有点紧张，对他俩来说，"追风"是一种探索和冒险，但同时也面临着生命危险。如果与龙卷风迎面撞上，那后果就太严重了。

　　"但愿它不是冲公路这边来的。"话虽这样说，但霍林西德心里还是像十五个吊桶打水——七上八下。他比谁都明白，龙卷风可不是一个听话的乖孩子。

　　十多分钟之后，龙卷风迅速成长了起来。它像一头无坚不摧的巨兽，在原野上横冲直撞，所过之处，地面上的一切都灰飞烟灭。

　　两人停下汽车，赶紧拿出相机，拍了几张照片后，突然发觉形势不对。

　　"不好，龙卷风直接冲咱们来了！"尼古耶大惊失色，他正要发动汽车，霍林西德使劲推了他一把，两人双双从车里跃了出来。

　　"快，趴到里面去。"霍林西德指了指公路边的沟渠，一跃身跳进了里面。尼古耶醒悟过来，也跟着跳了进去。

　　这是一条灌溉用的沟渠，所幸里面的水已经干了，两人趴在渠底，用手抱住头部，一动不动。十多秒钟后，龙卷风以横扫一切的气势席卷过来，停在公路上的汽车像玩具一般，打了几个滚后，被抛出了十多米远。当龙卷风从沟渠上空经过时，霍林西德和尼古耶感觉背上似有万千根钢针在扎，巨大的声音几乎把他们的耳朵震聋……龙卷风过去后十多分钟，两人才慢慢从沟渠里爬了起来。

公路边一条毫不起眼的沟渠，竟然救了霍林西德他们的性命！这个事例告诉我们，在野外遭遇龙卷风时，千万不能开车躲避，也不要躲在汽车中，因为汽车对龙卷风几乎没有防御能力，应立即离开汽车，就近寻找低洼地伏于地面（但要远离大树、电杆，以免被砸和触电）。

专家还特别提醒，如果龙卷风逼近时，你正开车行驶在路上，要尽可能沿着与龙卷风路线垂直的方向行驶远离它；如果不能摆脱龙卷风，就要尽快停车，迅速跑进附近坚固的建筑物内，若附近没有坚固的建筑物，就要赶紧趴在尽可能低洼的地上，脸朝下，用手护住头部。

千万记住：不要躺在汽车或大树附近，以免它们被龙卷风吹倒而砸着你。

大风防御指南

前面咱们介绍了大风、沙尘暴、龙卷风等来临时的逃生自救知识，现在来看看气象部门为我们提供的防御指南。

一般情况下，在大风天气发生之前，气象部门都会发布大风预警消息，并根据大风的风力强弱发布预警信号，我们可以通过电视、广播、互联网、手机短信以及电子显示牌等得到大风预警信号，并提前做好防御工作。

中国气象部门把大风（除台风外）预警信号分为四级，分别以蓝色、黄色、橙色、红色表示。

大风蓝色预警的发布标准为：24小时内可能受大风影响，平均风力可达6级以上，或者阵风7级以上；或者已经受大风影响，平均风力为6~7级，或者阵风7~8级并可能持续。

蓝色预警信号的防御指南：

1. 政府及相关部门按照职责做好防大风工作。

2. 关好门窗，加固围板、棚架、广告牌等易被风吹动的搭建物，妥善安置易受大风影响的室外物品，遮盖建筑物资。

3. 相关水域水上作业和过往船舶采取积极的应对措施，如回港避风或者绕道航行等。

4. 行人注意尽量少骑自行车，刮风时不要在广告牌、临时搭建物等下面逗留。

5. 有关部门和单位注意森林、草原等防火。

大风黄色预警的发布标准：12小时内可能受大风影响，平均风力可达8级以上，或者阵风9级以上；或者已经受大风影响，平均风力为8~9级，或者阵风9~10级并可能持续。

黄色预警信号的防御指南如下：

1. 政府及相关部门按照职责做好防大风工作。

2. 停止露天活动和高空等户外危险作业，危险地带人员和危房内的居民尽量转移到避风场所避风。

3. 相关水域水上作业和过往船舶采取积极的应对措施，加固港口设施，防止船舶走锚、搁浅和碰撞。

4. 切断户外危险电源，妥善安置易受大风影响的室外物品，遮盖建筑物资。

5. 机场、高速公路等单位应当采取保障交通安全的措施，有关部门和单位注意森林、草原等防火。

大风橙色预警的发布标准：6小时内可能受大风影响，平均风力可达10级以上，或者阵风11级以上；或者已经受大风影响，平均风力为10~11级，或者阵风11~12级并可能持续。

橙色预警信号的防御指南如下：

1. 政府及相关部门按照职责做好防大风工作。

2. 房屋抗风能力较弱的中小学校和单位应当停课、停业，人员减少外出。

3. 相关水域水上作业和过往船舶采取积极的应对措施，加固港口设施，防止船舶走锚、搁浅和碰撞。

4. 切断户外危险电源，妥善安置易受大风影响的室外物品，遮盖建筑物资。

5. 机场、铁路、高速公路、水上交通等单位应当采取保障交通安全的措施，有关部门和单位注意森林、草原等防火。

大风红色预警的发布标准：6小时内可能受大风影响，平均风力可达12级以上，或者阵风13级以上；或者已经受大风影响，平均风力为12级以上，或者阵风13级以上并可能持续。

红色预警信号的防御指南如下：

1. 政府及相关部门按照职责做好防大风工作。

2. 人员应当尽可能停留在防风安全的地方，不要随意外出。

3. 回港避风的船舶要视情况采取积极措施，妥善安排人员留守或者转移到安全地带。

4. 切断户外危险电源，妥善安置易受大风影响的室外物品，遮盖建筑物资。

5. 机场、铁路、高速公路、水上交通等单位应当采取保障交通安全的措施，有关部门和单位注意森林、草原等防火。

雷雨大风和沙尘暴预警

除了单独的大风预警,气象部门还制定了雷雨大风预警。这是因为在春夏季节,大风往往是和雷电大雨一起现身的:一次强烈的天气过程出现时,前部先锋是大风,接着是雷鸣电闪,然后才是倾盆大雨。所以,气象部门把雷雨大风归结在一起,制定了雷雨大风预警信号。

雷雨大风预警信号分为四级,分别以蓝色、黄色、橙色、红色表示。

雷雨大风蓝色预警信号,其含义是:6小时内可能受雷雨大风影响,平均风力可达到6级以上,或阵风7级以上并伴有雷电;或者已经受雷雨大风影响,平均风力已达到6~7级,或阵风7~8级并伴有雷电,且可能持续。这时要做好以下防御工作:

1. 做好防风、防雷电准备。

2. 注意有关媒体报道的雷雨大风最新消息和有关防风通知,学生停留在安全地方。

3. 把门窗、围板、棚架、临时搭建物等易被风吹动的搭建物固紧,人员应当尽快离开临时搭建物,妥善安置易受雷雨大风影响的室外物品。

雷雨大风黄色预警信号,其含义是:6小时内可能受雷雨大风影响,平均风力可达8级以上,或阵风9级以上并伴有强雷电;或者已经受雷雨大风影响,平均风力达8~9级,或阵风9~10级并伴有强雷电,且可能持续。这时要做好以下防御工作:

1. 妥善保管易受雷击的贵重电器设备,将其断电后放到安全的地方。

2. 危险地带和危房内的居民以及船舶应到避风场所避风，千万不要在树下、电杆下、塔吊下避雨，出现雷电时应当关闭手机。

3. 切断霓虹灯招牌及危险的室外电源。

4. 停止露天集体活动，立即疏散人员。

5. 高空、水上等户外作业人员停止作业，危险地带人员撤离。

6. 其他同雷雨大风蓝色预警信号。

雷雨大风橙色预警信号，其含义是：2小时内可能受雷雨大风影响，平均风力可达10级以上，或阵风11级以上，并伴有强雷电；或者已经受雷雨大风影响，平均风力为10～11级，或阵风11～12级并伴有强雷电，且可能持续。这时要做好以下防御工作：

1. 人员切勿外出，确保留在最安全的地方。

2. 相关应急处置部门和抢险单位随时准备启动抢险应急方案。

3. 加固港口设施，防止船只走锚和碰撞。

4. 其他同雷雨大风黄色预警信号。

雷雨大风红色预警信号，其含义是：2小时内可能受雷雨大风影响，平均风力可达12级以上并伴有强雷电；或者已经受雷雨大风影响，平均风力为12级以上并伴有强雷电，且可能持续。这时要做好以下防御工作：

1. 进入特别紧急防风状态。

2. 相关应急处置部门和抢险单位随时准备启动抢险应急方案。

3. 其他同雷雨大风橙色预警信号。

接下来，咱们再来看看沙尘暴预警。气象部门将沙尘暴预警信号分为三级，分别以黄色、橙色、红色表示。

沙尘暴黄色预警信号，其含义是：12小时内可能出现沙尘暴天气（能见度小于1000米）或者已经出现沙尘暴天气并可能持续。这时要做好以下防御工作：

1. 做好防风防沙准备，及时关闭门窗。

2. 注意携带口罩、纱巾等防尘用品，以免沙尘对眼睛和呼吸道造成损伤；做好精密仪器的密封工作。

3. 把广告牌、围板、棚架、临时搭建物等易被风吹动的搭建物固紧，妥善安置易受沙尘暴影响的室外物品。

沙尘暴橙色预警信号，其含义是：6小时内可能出现强沙尘暴天气（能见度小于500米），或者已经出现强沙尘暴天气并可能持续。这时要做好以下防御工作：

1. 用纱巾蒙住头防御风沙的行人，要保证有良好的视线，注意交通安全。

2. 注意尽量少骑自行车，刮风时不要在广告牌、临时搭建物和老树下逗留；驾驶人员注意沙尘暴变化，小心驾驶。

3. 机场、高速公路、轮渡码头注意交通安全。

4. 各类机动交通工具采取有效措施保障安全。

5. 其他同沙尘暴黄色预警信号。

沙尘暴红色预警信号，沙尘暴已达特强标准，其含义是：6小时内可能出现特强沙尘暴天气（能见度小于50米），或者已经出现特强沙尘暴天气并可能持续。这时要做好以下防御工作：

1. 人员应当待在防风安全的地方，不要在户外活动；推迟上学或放学，直至特强沙尘暴结束。

2. 相关应急处置部门和抢险单位随时准备启动抢险应急方案。

3. 受特强沙尘暴影响地区的机场暂停飞机起降，高速公路和轮渡暂时封闭或者停航。

4. 其他同沙尘暴橙色预警信号。

「大风逃生及防御」

"捕捉"龙卷风

最后,我们再来看看龙卷风的预警。

气象专家告诉我们,龙卷风的生成和发展具有很大的随机性,再加上它发生时间短,移动速度快,因此要准确预报难度很大。目前,气象部门只能根据天气形势发展,预测出某个地区未来某段时间内可能会生成龙卷风,要提前预报龙卷风具体什么时间、什么地点"诞生",以现在的技术条件来说还不能实现。

美国是目前世界上气象技术最先进的国家,但美国气象人员也拿龙卷风没有办法,他们也只能做到密切监测而不能提前准确预报。近几十年来,美国气象部门在监测龙卷风时,运用了静止卫星、多普勒天气雷达、自动气象站网和自愿气象站(由业余爱好者自己设立的气象站)等气象设备。这其中,多普勒天气雷达是比较有效和常用的一种观测仪器。它的工作原理是:多普勒雷达对准龙卷风发出微波束,微波信号被龙卷风中的碎屑和雨点反射后重被雷达接收,如果龙卷风远离雷达而去,反射回的微波信号频率将向低频方向移动,反之,如果龙卷风越来越接近雷达,则反射回的信号将向高频方向移动。这种现象被称为多普勒频移。

气象人员在多普勒雷达上一旦发现龙卷风的"初级胚胎",或发现它已经生成,就会加强监视和跟踪,并根据各种资料分析这个龙卷风可能移动的方位,然后向那些位于龙卷风移动路径上的地区发布警报。美国的龙卷风预警发布分为两个层面:一是在国家级的预警中心,发布1~3天的趋势性预报;二是在美国各个地区的预报台,一旦监测到龙卷风出现，就会及时发布预警。一般情况下，龙卷风警报会提前15分钟发出，个别情况下可在一个小时内提前预警。

除了运用气象设备对龙卷风进行监测，美国还有一种人工自动观测的模式，这就是利用"追风"志愿者对龙卷风进行观测。龙卷风出现后，一些业余爱好者、居民和新闻媒体主动开车跟踪，用手机随时向气象台报告龙卷风的具体位置。在警报方面，"追风"者们可以利用气象台的预报室启动用户警报器，这种警报器（收音机）被自动打开后便会播送龙卷风警报。他们还可以在预报室直播预报和警报，由电视台和广播电台进行直播。美国国家气象局还开展了一项计划，教会人们如何观测龙卷风、漏斗云、云墙以及其他极端天气现象。观测员一旦发现这种天气现象，就会报告当地气象部门，然后结合多普勒天气雷达的监测资料进行分析，可以提前发现龙卷风的踪迹，并发布相关预警。监测技术的进步以及预警传播手段的广泛化大大降低了美国因龙卷风而死亡的人数。1925年，美国龙卷风死亡率为每百万人1.8人，到了2000年，已下降至每百万人0.11人。尽管如此，在美国，龙卷风还是继飓风之后破坏力第二大的自然灾害。

在中国，龙卷风发生的频率比美国要低得多。一般来说，中国南方省份特别是距海较近的地区，春夏时节发生龙卷风的概率要大一些，而内陆地区由于比较干燥，所以很少有龙卷风出现。由于龙卷风生成数量少，中国气象部门没有单独针对龙卷风的预警，而是将其归于强对流天气预警之中。近年来，中国多地部署了先进的新一代多普勒天气雷达，大大提升了对强对流天气的监测预警能力，强对流天气的预警时间可提前至1小时到30分钟之内。所以，当我们接收到强对流天气预警消息时，一定要引起高度重视哦！

「大风逃生及防御」

大风逃生自救准则

最后,咱们一起来总结大风逃生自救的准则。

第一,关注大风来临前兆。天上出现月晕和鱼鳞云,以及五更起风、天气反常炎热等现象,都有可能是大风前兆;如果看到天边有烟云,就要警惕沙尘暴;看到天上布满乳房云、底层乌云旋转、云底垂下"象鼻"等,要当心龙卷风。

第二,大风袭来时,最好待在屋里,减少出行,但若身处危旧房屋或板房内,一定要迅速跑出屋子,寻找安全的庇护所;大风天气里,不要去充气城堡玩耍,也不要去水上划船游玩。

第三,大风袭来时,要谨防空中飞物伤人,立即停止高空作业,如果当时正在登山,一定要记得拴好保险绳。

第四,大风天出行最好不要骑车,即使驾驶汽车也要小心,车速一定要慢;若乘坐列车遭遇大风,迎风一侧的车窗破裂时,要迅速打开另一侧的车窗,若列车不幸被大风吹翻,要迅速发出求救信号;乘坐飞机和热气球遭遇大风时,要按照空乘人员指挥,迅速应急自救。

第五,沙尘暴来临时,要远离河流、湖泊和水池,外出时做好防范,以免沙尘侵害眼睛和呼吸道。

第六,龙卷风袭来时,应躲进坚固的地下室内,或进入楼房中心封闭的、无窗户的区域;野外遭遇龙卷风,千万不可逃跑,应迅速趴在就近的低洼地带。

当然了,最关键的还是关注天气预报,一旦收看(收听)到气象部门发布的预报预警消息,就应提前做好防御工作。

大风灾难警示

夺命大风

教徒聚会,一座百年教堂热闹非凡;大风狂吹,屋顶被掀墙面倒塌酿成悲剧。

2012年4月,一场大风造成尼日利亚22人死亡,31人受伤,特大灾难震惊了世界。

热闹的教堂聚会

尼日利亚,是非洲西部的一个国家,全国人口1.73亿,是非洲第一人口大国。该国的贝努埃州位于尼日利亚中部,下辖23个地方政府,人口300多万。这个州的人们,有百分之七十从事农业生产,他们种植木薯、小米、水稻、土豆等,粮食除自给外,还大量销往其他各州。

三十多岁的贝姆托正是千千万万种地农民中的一员,她和丈夫生育了三个孩子,一家人全靠地里的收成过活,日子虽然辛苦,倒也过得平静和美。不过,贝姆托怎么也不会想到,灾难会瞬间降临到她的家中。

2012年4月7日傍晚,吃过晚饭后,贝姆托和丈夫带着三个孩子,准备到附近的教堂去参加复活节前的守夜礼活动。尼日利亚虽然是非洲国家,但曾经是英国殖民地,因此当地修建有不少教堂。在传教士的长期影响下,许多老百姓都加入了教会。

贝姆托一家要去的教堂，名叫圣罗伯特大教堂，这是一座有百年历史的教堂，相传是英国传教士圣罗伯特所建。教堂占地面积数百平方米，基本全由木质材料建成，与周围低矮的民房相比，数十米高的教堂看上去高大宏伟，显得鹤立鸡群。

教堂前面的院子里，已经聚集了很多教徒。他们与贝姆托一家一样，基本都是种田的农民。带着孩子们来参加教会活动，既是对美好生活的一种祈求，也是一种社交活动，因此，这天傍晚几乎家家是全家出动。

贝姆托一家到教堂院子里后，很快便"各奔东西"了。丈夫和其他男人聚在一起谈天说地，三个孩子早跑得无影无踪，而贝姆托也融入了妇女们的群落里，她和好姐妹们一边小声聊天，一边等待着活动开始。

教徒越来越多，到活动正式开始前，院子里的人数已经达到了三千多名。大家围坐在一起，把院子挤得水泄不通。而此时，在夜幕的掩护下，一场雷雨大风天气正在悄然形成。

雷雨大风来袭

正当活动快要举行的时候，突然狂风大作，闪电照亮了整个大地，紧接着，一个炸雷"咔嚓"一声打下来，把院子里的人们吓得惊慌失措。

"快要下雨了。"贝姆托抬头看了看漆黑的夜空。正当她准备起身去找孩子们时，豆大的雨粒"噼里啪啦"地打了下来。

院子里顿时乱成了一团。"快进教堂避雨啊！"不知谁喊了一声，于是教徒们蜂拥着，争先恐后地往教堂里跑去。贝姆托也随着大家一道跑了进去，在门口，她看见一个小孩正"哇哇"大哭，仔细一看，原来是自己八岁的小女儿。

"你哥哥他们呢?"贝姆托赶紧把女儿抱在怀里。

"他们不要我,自己玩去了。"小女儿一边哭,一边委屈地向母亲告状。

"等会找到他们了,我让他们向你道歉。"贝姆托赶紧安慰女儿。

女儿的哭声渐渐低了下去,但这时外面的风却越刮越猛,雨也越下越大。在大风的猛烈袭击下,教堂屋顶"嘎嘎"作响,听上去令人心惊胆战。

"妈妈,我害怕。"小女儿把头紧紧埋在贝姆托胸前。

"不要怕,妈妈在这里,大人们也都在这里。"贝姆托心里也很紧张。

"呜呜",随着一阵更加狂暴的大风吹来,外面响起了可怕的风声。随着呼啸的大风,整座教堂一下摇晃起来。

教堂里的人们都有些恐慌,不过大部分人坚信教堂是安全的,只有一个人惊恐不安地说:"好可怕,大风会不会把房子吹倒?"

大家正要斥责他时,突然"轰"的一声巨响,教堂屋顶一下被掀开了,狂风暴雨从缺口中涌进来,整个教堂顿时乱成了一锅粥。

巨大的风灾悲剧

大风猛灌,暴雨狂泻,教堂里的人们惊慌失措,呼叫声、哭喊声响成一片。

贝姆托紧紧抱着女儿,很快,母女俩便被暴雨浇得湿透了,她们被人群推搡着,就像大海中的一叶扁舟。此时,贝姆托心里最担心的还是两个儿子,他们大的十一岁,小的九岁,这小哥俩此刻不知道在什么地方。

在大风的持续袭击下,教堂屋顶的缺口越来越大。大风吹进教堂,整个教堂就像灌满气的球体,四周的墙壁"轰轰"直响,似乎随时都会垮塌。尽管内心十分不安，但却没有一个人想着往外逃跑——外面狂风暴雨的场景更加令人恐惧。

贝姆托感到时间是如此的漫长，她和女儿被人群推来搡去，不知道何去何从，也不知道接下来会发生什么。女儿"哇哇"哭着，令她感到心烦意乱。不过，她已经没心思去责骂女儿了。她在人群中漫无目的地喊叫和搜寻，希望能找到丈夫和两个儿子。

教堂里的灯光全部熄灭了，四周漆黑一团，这时，贝姆托从众多纷乱的声音中听到了一个熟悉的哭声——小儿子的哭声。"奥旺，是你吗？"她如获至宝，拼命朝那个哭声所在的地方挤过去。

"轰隆"一声巨响，突然，面前的一面墙体倒了下来，这面墙终于没能承受住大风的压力，重重地向挤成一团的人群压了下去。贝姆托感到一股猛烈的气流迎面袭来，她下意识地把怀中的小女儿往身后一推，接着，便什么都不知道了……

这天晚上，这面倒塌的墙体共压死 22 人，死者中有 14 人是妇女，6 人是儿童。事故中还有 31 人不同程度受伤，贝姆托便是其中的伤者之一，她的头部、大腿多处受伤，但更令她感到痛苦的是，她的小儿子奥旺在这次灾难中失去了生命。

风灾原因解析

事后经调查，当天袭击教堂的大风达到了 8 级以上，瞬时极大风速甚至接近 12 级。当地为什么会出现如此大的风呢？

原来，教堂所在的地区，便是尼日利亚有名的风区。位于非洲西部的尼日利亚地形复杂多样，沿海一带是宽约 80 千米的带状平原，南部为低山丘陵，北部是平均海拔 900 米的高地，而中部是尼日尔—贝努埃河谷地。这个河谷地，正是贝努埃州所辖的地盘。河谷两岸土地肥沃，物产丰饶，却有一个令人头痛的自然缺陷：这里的风十分频繁，旱季这里刮的是讨厌的干风；雨季来临时，伴随雷电暴雨，大风更是刮得肆无忌惮，经常把庄稼吹倒，把村民的房屋刮坏。

据气象专家分析，2012 年 4 月 7 日这天傍晚，当地遭遇了一种可怕的天气系统——飑线。在短短的一个多小时内，当地降下了二十多毫米的雨量，而更可怕的是与暴雨相伴而来的大风。在持续的大风袭击下，当地有不少大树被吹倒，数十幢民房遭到破坏。由于教堂是高层建筑，承受的风力也更大，再加上修建的年代较久远，因而在大风的猛烈袭击下，教堂房顶最先被掀掉；没有房顶的遮盖，风肆无忌惮地灌入教堂，导致墙体受到很大压力，进而造成了墙体倒塌。

这起灾难警示我们：当大风狂吹不休时，一定不要待在老旧的建筑物内，而应迅速跑出来，寻找新的安全庇护所。

大风狂吹

由于土地肥沃，气候适宜，四川盆地历来便有"天府之国"的美誉。然而，近年来由于受到全球气候变化的影响，这块令人羡慕的土地也时常会遭到恶劣天气的袭击。

2015 年 4 月 4 日晚上，位于四川盆地东部的广安市自西向东出现了一次强对流天气过程，伴随雷雨和冰雹，当地大风狂吹，造成 7 人死亡，一万多间房屋受损，直接经济损失上亿元。

「大风灾难警示」

一场罕见的大风

广安，是伟人邓小平的故乡。这里山清水秀，风光旖旎，是有名的风景名胜区。

四月，正是当地春暖花开、春光明媚的大好时节。每年的这个季节，城镇里的居民都会趁着节假日，纷纷到郊外踏青赏花；广大的农村人民，也要为即将到来的春播春种忙碌。城里乡下，家家户户，老老少少，都沉浸在春天的愉悦和欢乐中。

然而，2015年的四月却显得有些异常。从三月下旬开始，广安市每天都是晴好天气，气温节节升高，俨然一副夏天的景象。到了4月1日这天，广安市大部分地方的日最高气温超过了30 ℃，其中武胜县（广安市下辖的一个县）的最高气温更是高达34.3 ℃。热！人们纷纷脱下春装，换上了夏季才穿的短袖和裙子。

难道就要进入夏天了吗？有人对此感到奇怪，不过，大多数人却没把这种异常偏热的天气放在心上。而在农村，农民们却热切盼望下一场雨。都说春雨贵如油，然而当地连续十多天没有下过一滴雨，田地里的蔬菜和庄稼都快干得受不了了。

4月4日，人们盼望已久的雨终于下下来了，然而，伴随大雨而来的，还有雷电、冰雹和猛烈的大风。这天晚上，广安全市雷鸣电闪，大雨如注，冰雹肆虐，大风更是狂吹不止。据当地气象观测数据，许多地方的风力在6级以上，部分地方的风力超过了8级，最厉害的是武胜县三溪镇，当晚21点41分，当地瞬时最大风速达到了38.5米/秒——这个风速相当于13级，在广安这样的内陆地区来说，这是十分罕见的。

这场大风给当地造成了巨大灾害。

据统计，广安全市有 7 人死亡，6512 户人家的房屋遭殃（一共有 14 500 间房屋受损），大风还损坏油菜、小麦等农作物 4.5 万亩（1 亩≈666.7 平方米），并导致当地电力、道路、通信等不同程度受灾，直接经济损失约 1.2 亿元。

惊魂之夜

让我们一起去看看那天晚上受灾村民是如何度过惊魂之夜的。

28 岁的小丽，是武胜县三溪镇人。她有一个年仅 2 岁的儿子，因为丈夫在外地打工，平时家里只有婆婆帮助照管家务。

4 月 4 日这天晚上，小丽和婆婆吃过晚饭后，带着儿子看了一会儿电视，这时，窗外响起了雷声，电视屏幕上出现了雪花点。"妈，把电视关了吧。"因为担心打雷会损坏电视机，小丽对婆婆说。关了电视，不一会儿外面下雨了，小丽跑到门口看了看，见雨下得还不小哩。"这场雨一下，地里的庄稼就有救了。"她乐滋滋地想。

因为没有电视看，一家人有些无聊。小丽逗儿子玩了一会儿后，和婆婆一起，带儿子去卧室准备睡觉。不料，这天晚上任凭她和婆婆怎么哄，儿子都不肯睡。晚上 9 点 30 分左右，小丽接到了弟弟打来的电话。在电话中，弟弟告诉她："天气预报说今晚有雷雨大风，你们要注意安全。""没事的，我们这里现在只是打雷下雨，还没开始刮风……"姐弟俩东拉西扯地聊着，婆婆则在一旁哄儿子睡觉。大约十分钟后，门外突然传来"呜呜呜呜"的凄厉风声，紧接着，便听到楼顶有瓦片在"砰砰"往下掉。"大风刮起来了，我不给你说了。"小丽刚把电话挂断，突然"哗啦"一声脆响，卧室的窗户玻璃破裂了，玻璃碎片掉得满地都是。

大风铺天盖地地涌进来，屋里的东西被吹得天翻地覆，儿子吓得"哇哇"直哭。"妈，赶紧把窗户堵上！"小丽惊叫一声，她开始用枕头去堵，结果一下便被吹跑了……后来，她和婆婆合力把床垫掀起来挡住窗户，然后用床头柜将床垫顶住。

窗户堵上后，小丽和婆婆终于松了一口气。这时外面的雷打得特别凶，不久后电也停了。透过窗户缝隙，借着刺目耀眼的闪电光，她们看见房上的瓦片在院子里乱飞。房顶上的瓦片被揭光后，雨水很快流进卧室，再顺着楼梯流到一楼……卧室里没法待下去了，三人不得不跑到杂物间，在簸箕和菜篮子里度过了一个不眠之夜。

"就像电影里面的世界末日一样，我当时只想带着妈和孩子活下来。"事后，小丽这样告诉记者。

这天晚上，大风还把三溪镇许多树木拦腰吹断，几乎每家每户屋顶的瓦片都或多或少被吹落，有的房屋还遭到了严重破坏。三溪镇的一幢老旧民房由于位于山垭口上，被大风吹倒变成了废墟，里面一对70多岁的老夫妻不幸遇难；该镇一名79岁的老人也在大风中不幸遇难……

广安市的其他地方还下起了冰雹。4月5日凌晨，广安邻水县多个乡镇遭遇冰雹袭击。冰雹持续了20多分钟，最大的冰雹有鸡蛋大小，造成近600亩农作物受灾，所幸无人员伤亡。

大风天气解析

据广安市气象局观测，4日这天晚上至次日下午6时，广安市普降了中到大雨，局部降下暴雨，多地还出现了大风、冰雹等灾害性天气，个别地方风力达10级以上。其中，武胜县鼓匠乡21时33分瞬时最大风速达28.3米/秒（相当于10级），三溪镇21时41分瞬时最大风速达38.5米/秒（相当于13级），飞龙镇21时50分瞬时最大风速达36.2米/秒（相当于12级）。

据广安市气象局专家介绍，本次大风极端天气在当地很少发生，特别是武胜县三溪镇出现的 13 级大风,这在内陆非常罕见。

那么,是什么原因导致了这次大风天气呢?专家分析有三个方面的原因:一是前期气温显著偏高,大气层极不稳定。当地从 3 月下旬开始受偏北气流笼罩,导致广安天气持续晴热少雨,气温异常偏高。在高温的持续影响下,大气层处于极不稳定状态,只要稍有冷空气刺激,就有可能出现大风、冰雹等强对流天气。二是强冷空气南下,与当地暖湿空气相互"掐架"。这股来自北方的强冷空气越过秦岭后,于 4 日晚上 9 时抵达广安,它一到来,便与当地的暖湿空气发生了剧烈战争,致使前期广安高温晴热天气积攒的不稳定能量迅速释放,从而产生了大范围、高强度的强对流天气过程。三是受地形影响,个别地方形成了超级单体风暴。广安境内的华蓥山山体高大,冷空气到达这里后,在山的阻挡下被迫从侧面绕行,再加上"喇叭口"地形的作用,这些绕行的冷空气变得很强,它们与暖湿空气的"掐架"也更为剧烈,因此位于华蓥山西北侧的武胜、岳池等地出现了罕见大风。

这场大风灾害警示我们,当天气异常炎热时,就要警惕"热极生风",多多关注天气预报,提前做好防灾避险准备。

恐怖风暴

黑风暴,是一种由强风和浓密度沙尘混合的灾害性天气,强风是启动力,沙尘是物质基础。从形成机理上来说,黑风暴是沙尘暴的一种,而且它是沙尘暴的最高级别,也就是超级沙尘暴。

1935 年春季,一场巨大的黑风暴席卷了美国南部和中部的辽阔土地,这场震惊世界的"黑风暴"事件,被后人称为"人为生态灾难"之一。

「大风灾难警示」

黑风暴来了

美国是一个疆域辽阔的国家,并且有着无边无际的大平原,这其中便包括南部的大平原。

1870年以前,美国南部大平原地区是一个生机勃勃的草原世界。这里土壤肥沃,扎根极深的野草覆盖着整个大平原,原野上放牧着成群的牲畜,呈现出"风吹草低见牛羊"的美丽画面。然而,这种人与自然和谐共处的景象在1870年后很快便遭到了破坏。当时,美国政府先后出台多项政策,鼓励人们向半干旱的南部大草原移民。尤其是第一次世界大战爆发后,受全球小麦价格飙升的影响,南部大平原进入了"大垦荒"时期,农场主纷纷毁掉草原,种上了小麦。经过几十年发展,大平原从草原世界变身为"美国粮仓"。但与此同时,这里的自然植被遭到了严重破坏,过度垦牧使得草原大面积沙化,表土裸露在外,沙尘天气频繁袭扰当地居民。

1935年春季,这些小范围的沙尘终于发展成了可怕的大灾难。

当年的3月初开始,铺天盖地的黑色尘土便在南部大平原上到处飞扬。3月15日,当地群众收到了气象部门发出的天气警报:由于寒潮影响,一股强劲的沙尘暴正在向堪萨斯州逼近!不过,堪萨斯州人并没把这个警报放在心上,因为他们早就已经习惯了沙尘暴,因此大家并没有采取积极的防御措施。

第二天中午,在道奇市郊外的广袤原野上,一名叫约翰逊的农民正在地里干活。道奇市是堪萨斯州的一个市,这里也是闻名世界的牛仔之都。约翰逊正埋头干活时,天空中突然传来一阵可怕的声音,他抬头一看,只见一片黑云从地平线上蔓延过来。"黑云"迅速来到了他的头顶上空,使原本明亮的天空变得昏暗起来。约翰逊吃惊地发现,这片黑云原来是由成千上万只鸟组成的,它们络绎不绝地从头顶上空飞过，并且发出惊慌和恐惧的叫声。

"这些鸟怎么啦？"约翰逊的内心涌起一阵不祥的预感，不过他并没有把它们与灾难联系起来。

这天中午，道奇市不少居民也看到了这片"鸟云"，但他们也和约翰逊一样，没有意识到一场灾难即将来临！

鸟儿飞走后，风越刮越大，沙尘越来越猛烈，气温也下降了很多。为了防避风沙和寒冷，约翰逊丢下农具，赶紧回到了屋里。

14时40分，灾难开始降临了。首先是北方地平线上出现了一片巨大烟云，它像怪兽一样，铺天盖地向前推进。道奇市市区的居民惊恐地发现，整个世界突然变得十分可怕，既没有声音，也没有风，除了那片巨大的烟云，一切都是如此的寂静。

烟云迅速吞噬着天空和大地。就在人们还没有回过神来的时候，黑暗已经将他们全部吞噬了。一种绝望的恐惧感顿时弥漫在大平原的上空。

可怕灾难

这片巨大的烟云，就是恐怖至极的黑风暴。

当天，狂风卷着尘土，遮天蔽日，向大平原横扫过去，形成一个东西长2400千米、南北宽1500千米、高3.2千米的巨大移动尘土带。黑风暴所过之处，水井、溪流干涸，牛羊死亡，人们背井离乡，一片凄凉。

堪萨斯州一个名叫雷蒙德的牛仔，对这场可怕的黑风暴感受尤为深刻。

这天下午，雷蒙德的妻子和女儿开车去参加一个亲戚的婚礼，在回来的路上，她们遇上了黑风暴。当时天空一片漆黑，完全看不清道路，大风挟裹起沙石，很快便把车窗玻璃打碎了。两人赶紧停下车，用手帕把口鼻遮了起来。在强劲的风沙吹打下,她们身上多处受伤……母女俩下车后,跌跌撞撞地摸索着往家的方向赶。猛烈的风沙使母女俩很快失散,母亲掉进了一个坑道里。女儿大声呼喊,但完全听不到母亲的回音,她赶紧回家向雷蒙德求救。听说妻子身陷坑道生死不明,雷蒙德立刻跑出家门去救援。此时黑风暴已经达到了最强等级,雷蒙德几次被大风刮倒,但他都顽强地爬了起来。他在迷雾一样的尘土中沿路寻找,最后在一个路口上,他幸运地发现了奄奄一息的妻子,此时沙尘已经快要把她掩埋了。

这场黑风暴持续了四个多小时,给美国的农牧业生产带来了严重影响,使原已遭受旱灾的小麦大片枯萎而死,从而引起当时美国谷物市场的波动,影响了经济的发展。同时,黑风暴一路洗劫,将肥沃的土壤表层刮走,使土壤露出贫瘠的沙质土层,使受害之地的土壤结构发生变化,严重制约了灾区日后农业生产的发展。后来,人们回忆起那段经历时仍不寒而栗:"我们整天与沙尘生活在一起,吸着灰尘,吃着尘埃,看着沙尘剥夺我们的财产。世界上没有一只车灯可以照亮混浊的空气,诗情画意般的春天变成了传说中的幽灵,噩梦变成了现实。"

解析黑风暴

这场黑风暴是怎么形成的呢?

我们都知道,沙尘暴一般发生于春夏交接之际,其形成与大气环流、地貌形态和气候因素有关,特别是春季发生的寒潮天气,更是沙尘暴的直接推手。另一方面，沙尘暴的形成也与人为的生态环境破坏密不可分。如人口快速增长带来的不合理农垦、过度放牧、过度采樵、单一耕种等，都会导致植被和地表结构被破坏，使草原土地沙化，导致生态系统失衡，从而为沙尘暴的形成奠定基础。美国的这场黑风暴，正是大自然对人类的一次历史性惩罚，也可以说是一次人为的灾祸。开发者对土地不断开垦，对森林不断砍伐，致使土壤风蚀严重，连续不断的干旱，更加重了土地沙化现象。在高空气流的作用下，沙土被卷起，一股股尘埃升入高空，从而形成了巨大的灰黑色风暴带。

其实在此之前，美国的一些有识之士便认识到了沙尘暴的严重危害。20世纪30年代初，美国"土壤保持之父"贝纳特就曾经领导了一场颇具规模的"积极保持土壤"运动。由于当时美国深陷经济大萧条中，沙尘暴并未引起广泛注意，国会根本不理睬他的建议。1935年4月，贝纳特参加国会听证会时，适逢南部平原发生"黑风暴"，经历了这场沙尘暴噩梦后，议员们终于清醒了过来。在贝纳特的推动下，国会很快通过了《水土保持法》，以立法的形式将大量土地退耕还草，并将这些区域划为国家公园保护了起来。时任美国总统的富兰克林·罗斯福也很重视沙尘暴治理，他招募了大批志愿者到国家林区开沟挖渠、修建水库、植树造林。到1938年，南部65％的土壤已被固定住。第二年，农民们终于迎来了久盼的大雨，大平原地区的沙尘暴天气开始逐渐好转，美国人在与沙尘暴的战争中终于获得初步胜利。

美国人的行为也告诉我们：爱护大自然，保护生态环境，才能有效减少沙尘暴的发生！

「大风灾难警示」

客轮沉没

大风狂吹,一艘在江中行驶的巨大客轮突然翻沉,造成442人遇难,这就是震惊中外的"东方之星"客轮沉没事件。

这是一股什么样的大风?当时客轮上都发生了些什么呢?让我们一起去看看吧。

"明星"客轮

2015年5月28日,一艘巨大的客轮——"东方之星"号满载乘客,从南京港口缓缓出发,向着长江上游方向驶去。

"东方之星"隶属于重庆东方轮船公司,全长76.5米,型宽11米,型深3.1米,总重2200吨,核定乘客定额为534人。船上设有一、二、三等舱,并配有全球卫星定位系统、卫星电视、电话等设备设施,曾被交通部评为"部级文明船"。

可以说,这是一艘明星级别的豪华客轮!

"东方之星"此行的目的地,是位于长江上游的重庆市。这次船上一共载有454名乘客,其中旅客403人,船员46人,旅行社工作人员5人。这些乘客,多是上海一旅行社组织的"夕阳红"老年旅游团成员,他们的年龄大多在50岁至80岁。

出发时的天气很好,乘客们大都站在甲板上,眺望着滚滚长江,每个人脸上都露出了开心的笑容。

"呜——呜——"客轮拉响汽笛向目的地进发,没过多久便将港口抛在了身后。

经过三天航行，6月1日，"东方之星"客轮进入了湖北省的赤壁一带。上午11时44分，客轮继续向上游进发。当时气象条件为多云，风力为2级，能见度在10千米以上——这样的天气，谁都不可能想到会发生灾难。

当天21点03分，客轮航行到了监利县天字一号附近水域，这时前方出现了一道闪电，紧接着下起了淅淅沥沥的小雨。15分钟后，江面上的风向突然由偏南风转为了西北风，风力跟着加大，雨也开始大了起来。

张辉，是一名旅行社的导游。这天晚上他正在自己的铺位上休息，突然"嘭"的一声，舱房的窗户被吹开，狂风大雨一下扑了进来。来不及关上窗户，眨眼之间，舱房内许多铺位上的被子都被雨水打湿，连桌上的电视机也进了水。

"这怎么办？"有游客惊慌地问。

"赶紧把被子和电视机搬到大厅里去！"张辉跳起来去关窗户，然而风太大了，窗户怎么也关不上。

与此同时，其他舱房的窗户也被大风吹开，房内进了雨水，大家忙着把被子和电视机搬到大厅里。刚把游客们安置好，张辉便发现情况有些不对劲，船体出现了倾斜。

客轮沉没

船上的乘客们此时都未意识到危险即将来临，大家在大厅里安顿下来后，一边相互安慰，一边抱怨这糟糕的天气。

张辉和同事安顿好游客后，回到了一间未进水的舱房里。突然，"咣当"一声，桌上放的一个小瓶滚落下来。

"好端端的，这瓶子怎么会滚下来？"同事上前把瓶子捡起来，有

「大风灾难警示」

些疑惑地放了回去。

"不对,船体倾斜了。"张辉话音刚落,桌上的小瓶再次滚落了下来……

此时,在驾驶室里,船长和大副正全力应对。

刚开始,船长张顺文在房间内休息,听见外面风雨加大,他赶紧进入驾驶室,接替大副指挥操作。这时风雨越来越大,江面上一片混沌,什么都看不清楚。"减速,左微舵!"张顺文大声命令,他的本意,是想将客轮顶风开到岸边水域抛锚。然而,在强风的作用下,船舶不但没有前进,反而在逐步向右后方退去。"加车顶风!"他再次大声命令,希望能以速度顶住大风。就在这时,一股更加猛烈的大风吹了过来……

当船体开始倾斜时,张辉还没想到客轮会倾翻,因为这么大的轮船,怎么可能会被大风吹翻呢?为了缓解游客们的紧张,他和同事还极力安慰大家。可是,随着船体倾斜得越来越厉害,桌上掉落的东西也越来越多时,张辉心里渐渐恐惧起来。

"好像碰上大麻烦了……"他对同事说,话没说完,船一下便翻了。

船体倾翻前,轮机长杨忠权还到甲板上去巡视了一番。然而他巡视回来没两分钟,江水便疯狂涌进机舱,同时船上的所有灯光一下灭了。

"东方之星"翻了!

风疾、雨大、夜黑。船体翻沉后,倒扣在江中,江面只露出一米多高的船底,外界无人发现。

454 名乘客被扣在船舱

内,死神一步一步地降临了……

当天 23 时 51 分,湖北省委省政府接到自救上岸的船上落水人员的报警电话后,立即启动了应急预案,一场大搜救迅速全面展开。

最终,经过各方全力搜救,454 名乘客只有 12 人生还,其余 442 人不幸遇难。

旅行社导游张辉、船长张顺文、轮机长杨忠权等人,幸运地从死神手中逃了出来。

飑线和下击暴流惹祸

"东方之星"客轮灾难,引起了全球关注。经国务院批准,有关部门成立了调查组,并聘请有关方面院士、专家参加,对客轮倾翻原因进行了全面调查。

调查组围绕"风、船、人"三个关键要素,组织上百名国内外专家进行了科学分析论证。2015 年 12 月 30 日,国务院调查组认定:"东方之星"号客轮翻船事故的罪魁祸首,是一场罕见、突发的强对流天气。

这场强对流天气,是由两个极其暴烈的天气系统构成:飑线和下击暴流。这两个天气系统都能制造雷雨大风,称得上是自然界的"杀手",而当它们叠加在一起时,威力更是成倍增加。调查组认定,"东方之星"号客轮航行至长江大马洲水道时突遇飑线并伴有下击暴流,瞬时极大风力达 12~13 级并伴有特大暴雨。船长虽采取了稳船抗风措施,但在强风暴雨作用下,最大风压倾侧力矩达到该客轮极限抗风能力的 2 倍以上,船舶持续后退,处于失控状态,最终倾斜进水并在一分多钟内倾覆。

让我们一起来还原沉船事件发生的经过。

6 月 1 日 21 点 18 分,当"东方之星"号客轮航行至监利县大马

「大风灾难警示」

洲水道3号红浮附近水域时，先是遭遇了飑线天气系统，这时风向由偏南风转为西北风，风雨开始加大。21点19分，船长在房间内听见风雨声加大，进入驾驶室，接替大副指挥操作。21点21分，风雨进一步加大，能见度严重下降，船长命令大副减速，左微舵，欲转向顶风岸至右岸一侧水域抛锚。21点24分，在强风作用下，船舶逐步向右后方后退。21点25分，船长察觉船在后退，命令大副加车顶风。21点26分，客轮所处水域突遇下击暴流袭击，风雨强度陡增，瞬时极大风力达12～13级，1小时降雨量达94.4毫米。船长采取稳船抗风措施，但在强风暴雨作用下，船舶持续后退，处于失控状态并开始倾斜进水，主机熄火后迅速向右横倾。由于船舶突然侧倾，导致船上人员失去重心，翻沉过程持续时间仅一分多钟，船长及船上人员均未来得及向外发出求救信息及警报。

这场灾难警示我们：水上航行一定要警惕恶劣天气，任何时候都不能忽视大风的威力！

飞来横祸

恶劣天气是空中飞行的安全隐患，风暴更是如此。

下面讲述的这起空难事件，风暴虽然不是直接杀手，但它也有着难辞其咎的罪责。

风暴来袭

1988年12月21日18时许，伴随震耳欲聋的引擎轰鸣声，一架波音747客机从英国伦敦希思罗机场腾空而起，像一只矫健的雄鹰向夜幕渐浓的空中飞去。

这架飞机，是美国泛美航空公司下属的一架客机，它飞行的目的地是美国的纽约。宽大的机舱内，载有包括机组人员在内的259人。

"亲爱的乘客们，欢迎你们乘坐本次航班，再过几天就是圣诞节了，在此提前祝大家圣诞快乐！"广播里传来机长浑厚的男中音。

乘客们兴高采烈地谈笑着，因为临近圣诞节，所以每个人都渴望飞机早一点到达纽约，好与亲人和朋友团聚。

飞机快速平稳地向前飞行着。透过机舱玻璃，大家看到浩渺广阔的大西洋出现在眼前，偶尔有一两个亮着灯光的小岛点缀在海面上，仿佛夜空中的星星。飞机正飞行时，机长忽然收到了地面指挥站发来的指令：北大西洋英格兰上空的风暴正在形成，飞机应立即转变航线，向北经苏格兰上空绕过风暴区。

"该死的风暴！"机长咒骂了一句。作为一名经验丰富的飞行员，他当然知道风暴的厉害。风暴是飞行安全的大敌，任何飞机只要进入风暴区，就有可能遭受种种不测。机长不敢怠慢，立即遵照地面指挥站的指令，改向苏格兰上空飞去。不一会儿，覆盖着皑皑白雪的苏格兰大地出现了。从飞机上往下看，一个名叫洛克比的美丽小镇呈现在大家的视线中。

此时的地面上，洛克比小镇如往日一样安宁祥和。镇上的居民已经吃过晚饭，不少人正在街道上悠闲地散步。"看，飞机！"当飞机的引擎声由远而近传来时，平时难得看到飞机的人们不约而同地抬头仰望，一些在家里听到引擎声的小孩也跑了出来，专注地盯着天上的飞机看。在冬日黄昏的天空中，飞机像一只轻盈的风筝，牢牢地牵住了人们的目光。

谁也没有想到，一场可怕的灾难即将来临了！

「大风灾难警示」

飞机爆炸

威廉姆斯,是洛克比小镇上的一名医生。这天傍晚他结束了一天的工作,刚刚走出医院,就见一群小孩一边跑一边指着天上大喊:"飞机来了,看飞机喽!"

威廉姆斯抬头往天上看去,果然看见一架银白色的飞机正向小镇方向飞来。"不对,天上的飞机怎么了?"他头脑中刚闪出这个念头,突然看见飞机猛地一闪,还没等他叫出声来,一团炫目的火球便在空中骤然出现,随即传来惊天动地的巨响,飞机爆炸了!

"上帝呀,这是真的吗?"威廉姆斯几乎不敢相信自己的眼睛,他以为这是做梦,然而用力掐了掐大腿,一股疼痛却钻心地传来。

飞机爆炸后,残骸碎片像天女散花一般,带着巨大的冲击力坠向地面。"快跑啊!"人们惊慌失措,争相逃命,有的吓得赶紧跑进了屋里,有的趴在地上瑟瑟发抖,还有的躲在大树下面……威廉姆斯也跟着人群逃命,正跑着,他听到"嘭"的一声,回头一看,原来是一块碎片砸中了一幢民房。他吓得一个激灵,赶紧抱头蹲了下来。

这块碎片砸下来后,不偏不倚,正好砸中了民房的屋顶,并当场将屋顶砸塌,不知情的房屋主人正在家中吃饭,一瞬间,他面前的餐桌断成了两截,他和妻子及两个儿子被惊得目瞪口呆。相比这家人,另一幢民房的

主人便没有这么好的运气了。一块锋利的残骸飞下来后,将尖尖的屋顶切开,屋主人一家不幸遇难……更严重的是,一块巨大的碎片坠下

来，砸在了小镇的一座加油站上，将加油站完全撞毁，大量的汽油泄漏出来，大火"呼"的一下燃烧起来，引起了新的灾难。

飞机坠地的中心地，因撞击形成了一个7米深、30米宽的大坑，最糟糕的是，装满燃油的飞机右机翼坠落在小镇广场上，引发了剧烈的爆炸，广场被炸出了一个巨坑，广场附近的几间房屋也被炸毁了。飞机残骸持续坠落了大约一分多钟，除了毁坏1座加油站外，还将附近的7幢民房损毁，11名居民被这场飞来横祸夺去了生命。

灾难分析

惨案发生后，当地警察迅速赶来，他们发现现场一片混乱。飞机残骸的散落面积达到了2188平方千米，遍布于一条142千米长的走廊地带上。威廉姆斯在这场灾难中幸免于难，不过，他和大多数人一样，被这场天降横祸吓呆了。险情解除后好半天，他才回过神来。

这场灾难让整个世界为之震惊，除了洛克比小镇上的11人遇难外，飞机上的259名乘客和机组人员也全部遇难！人们在调查空难的原因时，认为飞机极有可能是被恐怖分子事前放置的高爆可塑炸药炸毁的。3年后，警方破获这起案件，并逮捕了两个嫌疑犯。2003年8月，270名洛克比空难死难者的家属获得了总额27亿美元的赔偿，算是对无辜死难者有了一个交代。

这场惨案的罪魁祸首当然是恐怖分子。但对于洛克比小镇上的人们而言，如果当时没有风暴的威胁，飞机就不会改变飞行方向，也就不会让他们遭受无妄之灾。

据专家介绍，风暴是航空飞行的大敌，飞机遭遇风暴，往往会酿成机毁人亡的惨剧。在自然界中，还有一种微风暴对飞行安全的威胁也很大。微风暴又叫小风暴，它是规模极小的垂直下降气流，持续时间一般只有10～20分钟，影响区域直径大的不过3～4千米，小的只有几百米。不过，在它的区域里风向和风速极其复杂，在微风暴中心两端，风的方向甚至会截然相反，有时还可反复突变，在气象学上称为"风力切变"。

洛克比空难还警示我们，不可忽视飞机的残骸碎片，因为它们也能造成新的灾难，对乘客来说，如果飞机坠毁后有幸活命，一定要赶紧逃生：

1. 如果飞机残骸伴有起火冒烟现象，乘客一定要在两分钟内逃离残骸。

2. 逃离飞机后，要根据飞机坠毁的地点决定下一步行动。若飞机坠毁在陆地上，应该逃到距离飞机残骸200米以外的上风头区域，但不要逃得太远，以方便救援人员寻找；若飞机坠毁在海面，乘客应该尽快游离飞机残骸，越远越好，因为残骸可能爆炸，也可能沉入水底。

对于地面上的人们来说，空中的飞机坠毁后，一定要设法躲避坠落的残骸物：

1. 迅速采取行动，就近躲进坚固的遮挡物下，如大树、山洞、突出的山崖下等，切忌朝人群里跑，因为那样更容易引起混乱，引起踩踏等灾难。

2. 如果飞机残骸落在附近，一定要赶紧逃离，以免残骸爆炸造成伤害。

3. 如果残骸发生了爆炸，要赶紧抱头趴在地上，爆炸之后，要赶紧逃离现场。

龙卷之殇

美国被称为"龙卷风之乡",每年龙卷风都会给美国本土造成严重灾害。

2011年5月22日,美国密苏里州的乔普林市遭到了一场龙卷风袭击,造成一百多人死亡,成为美国国家气象局有记录以来单次致死人数最多的一次龙卷风灾难。

安详的小城

密苏里州位于美国中西部地区,是美国著名作家马克·吐温的故乡,境内大部分都是平缓的平原与丘陵。乔普林市位于密苏里州西南部,与堪萨斯州交界,是一个人口约5万的小城市。虽然人口不多,但这里是铁路交叉点,也是小麦、家畜的集散地,因此算得上是一个比较重要的小城市。

2011年4月下旬开始,龙卷风便在美国大平原上疯狂肆虐。4月27日,美国南部地区7个州遭到龙卷风和强风暴袭击,造成至少350人死亡,数千人受伤。5月21日夜间,与乔普林市交界的堪萨斯州东北部遭到龙卷风袭击,造成1人死亡,约200栋建筑物被损毁,该州16个地区被迫进入紧急状态。

当堪萨斯州遭龙卷风袭击的消息传来时,乔普林市的居民们并没引起多大的重视。一则是因为堪萨斯州的龙卷风造成的灾害并不算严重,二则是乔普林市历史上并没有遭受过特别严重的风灾,这里的人们世世代代一直过着平静、祥和的生活。

凯瑞·撒切塔,是乔普林市一所高中的校长,她在这座城市已经工作了三十多年。5月22日是周日,不过,撒切塔还是同往常一样,早早便从城郊的家里驾车来到了学校。一切看上去很美好,天气晴朗,天空中只有一层薄薄的云幕,阳光透过云幕洒下来,校园显得十分美丽。教学楼很安静,只有一些男生在操场上打球。撒切塔走进自己的办公室,开始处理未处理完的教学事务。

距离这所高中学校不远,有一家名叫"圣琼斯"的地区医院。最近一段时间,乔普林市生病的人比较多,这座九层楼的医院基本住满了病人。一大早,病人家属们便匆匆走进医院去照顾自己的亲人,而医护人员也迎来了紧张、忙碌的一天。

与此同时,附近的一个商业中心也开始了一天的营业。这个商业中心里面,开满了零售商店和小饭馆,早起的人们陆续来到这里买东西或吃早餐。

这应该是平常而美好的一天,可是,一场恐怖的龙卷风灾难正悄悄逼近。

龙卷风来袭

时间在一分一秒地流逝,灾难在一点一点地靠近。

下午5点多钟,撒切塔处理完手里的工作后,从办公室走了出来。此时校园里十分安静,那些打球的男生已经回家去了,操场上空空荡荡。她抬头看了看天空,只见东面的天空中云层正在变黑、增厚,一些云高高耸立起来,看上去显得有些奇怪。"要下暴雨了。"她不由自主加快脚步走出校园,驾车往家的方向驶去。

而在医院和商业中心,这里的人们依然无法安静下来。医院里的病人还在增加,进进出出的人更多,医护人员更加紧张和忙碌;商业中心里，零售商店的生意虽然冷清了下来，但小饭馆却迎来了晚饭时间，陆陆续续有食客走进去，这里的氛围依然很热闹。

就在这时，东面的黑云悄悄涌到了乔普林市上空，人们收听到了美国国家气象局发布的龙卷风预报。不过，大多数人心里都有些侥幸，觉得这次的龙卷风不会很厉害。

天空很快变得黑暗起来，黑云占据了整个天空，云底像悬球般垂下来，看上去十分可怕。撒切塔刚刚到家，暴雨便从天而降，雷电也十分吓人。出了汽车后，她心里有一种不好的预感。她站在家门口，眺望着不远处的城市，心里默默祈祷着。

在一道接一道的炫目的闪电照耀下，撒切塔看到黑云顶部垂下了一根粗大的"象鼻"，龙卷风横空出世了！在她瞠目结舌的注视下，这个可怕的恶魔直奔乔普林市区而去。

"我像是看到了二战的画面，各种伴随着爆炸声的毁灭景象。"撒切塔事后告诉记者。龙卷风过去后，她立即赶回了学校，然而呈现在她眼前的是一堆废墟，哪里还有校园的影子。"我甚至不能分辨出建筑物的边在哪里，这绝对是灾难，我甚至不相信我所看到的一切……"

被龙卷风摧毁的，还有学校附近的圣琼斯地区医院和商业中心。在龙卷风"诞生"之初，医院的医护人员便发现形势严峻，准备将病人疏散到安全地带，不过，仅仅片刻工夫，龙卷风便呼啸着冲了进来。刹那间，医院的窗户玻璃被击得粉碎，这座九层的大楼变成了人间地狱……之后，龙卷风又奔向商业中心，在那里扫荡一番后，它这才转头向郊外奔去。

这天傍晚乔普林市发生的龙卷风，摧毁了包括学校、医院、商业中心等在内的大约 2000 栋建筑物，当地的电网和煤气管道也遭到破坏，导致部分地区发生了火灾。龙卷风还冲向市郊的停机坪，将一架小型直升机几乎压碎，并把旁边停靠的许多车辆压成了一堆扭曲的金属。

「大风灾难警示」

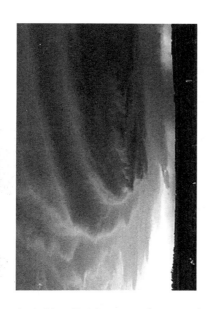

龙卷风过去后，乔普林市内到处是拦腰折断的大树、倒塌的电线杆、被摧毁的房屋和车辆。据了解，在龙卷风来前20分钟，乔普林市区里曾拉响过警报，但由于暴风雨声音普大大，许多居民无法听到警报，没有及时躲避，因而造成了一百多人死亡。此前，美国国家气象局有记录以来龙卷风单次致死人数最多的是116人，它是发生于1953年密歇根州弗林特的龙卷风灾难，此次乔普林市的死亡人数远远超过了这一记录。

龙卷风为何频发成灾

乔普林市的这场龙卷风灾难，震惊了整个美国，也引起了全球的极大关注。

不过，这次灾难仅是美国龙卷风灾难的冰山一角。根据历史记录，在过去二三十年间，美国龙卷风造成较大伤亡的灾难有近10次，死亡人数超过千人，经济损失高达1000多亿美元。基本上，美国每年都有人在龙卷风中丧生。

龙卷风为何会频频袭扰美国呢？气象学家分析，主要有以下两点原因：

首先，是由美国的地理位置决定的。美国本土东临大西洋，西靠太平洋，南面还有墨西哥湾，大量的水汽从东、西、南面流向大陆——这么多的水汽进来后，为雨云的形成创造了充分条件。

其次，美国大部分国土处在中纬度地带，春夏季常受副热带高压

大风狂吹 DAFENGKUANGCHUI

控制。在副热带高压的"帮助"下,大西洋、太平洋和墨西哥湾的暖湿空气源源不断地向美国大陆输送。当这些暖湿空气与本地的干冷空气相遇时,水火不容,常会因激烈"战斗"而形成大面积的雷雨云。雷雨云多正是产生龙卷风的最关键因素,因此,美国大陆的龙卷风比其他地方都多,而且龙卷风往往都发生在春季。

此次乔普林市的龙卷风,也正是"外来户"暖湿空气与"地主"干冷空气剧烈碰撞产生的。这两股气团交锋生成猛烈雷雨云,再加上当地防范不足,再"诞生"龙卷风,由于这股龙卷风十分强大,雷雨云因此造成了巨大灾难。它同时也警示我们:面对狂暴的大自然灾害,任何时候都不能心存侥幸!